Ingo Gabriel

Energiekosten senken!

Sofortmaßnahmen und Strategien
Zukunftsfähige Investitionen
Kluge Entscheidungen

ökobuch

Wichtiger Hinweis

Die Anwendungsempfehlungen und Konstruktionen in diesem Buch wurden nach bestem Wissen zusammengestellt, eine Gewähr für die Richtigkeit wird jedoch nicht übernommen. Infolgedessen lassen sich für die praktische Umsetzung des hier Dargestellten keine Haftungsansprüche gegen AutorInnen oder Verlag ableiten.

Dank

Allen, die zum Gelingen dieses Buches beigetragen haben, möchte ich an dieser Stelle danken,

- Heinz Ladener für Lektorat, Layout und kritisch-motivierende Begleitung,
- Noel Schrandt für die Bearbeitung von Zeichnungen, Grafiken und Photos,
- Jörg Probst für die fachliche Unterstützung und süffisanten Kommentare,
- Niko Paech und Ingo Heymer für die zahlreichen Hinweise und Anmerkungen.

Bibliografische Information der Deutschen Nationalbibliothek

Die Deutsche Nationalbibliothek verzeichnet diese Publikation in der Deutschen Nationalbibliografie; detaillierte bibliografische Angaben sind im Internet unter http://dnb.d-nb.de abrufbar.

ISBN 978-3-947021-36-9

1. Auflage 2023

Druck: Grafisches Centrum Cuno, Calbe

Inhalt

Einführung

Es ging landauf, landab durch alle Medien: Energie, in welcher Form auch immer, wurde und wird erheblich teurer. Obendrein drohen Engpässe bei der Energieversorgung.

Möglicherweise sind Sie hochgradig verunsichert, weil auch Ihnen klar geworden ist, Sie müssen etwas tun. Sie lesen es täglich in der Zeitung und im Internet, sehen es im Fernsehen: Die Klimaprognosen konnten Sie vielleicht noch erfolgreich ignorieren – pardon – natürlich halten Sie das für ein großes Problem, welches die Menschheit unwiderruflich bedroht. Aber wenn Sie nicht gerade im Ahrtal wohnen, sind Sie von den Auswirkungen vielleicht noch nicht direkt betroffen. Sie halten mehr Klimaschutz auch für ein wichtiges politisches Ziel; viele denken aber, es sollte doch bitteschön möglichst nichts kosten, geschweige denn zu irgendwelchen Einschränkungen führen. Und anfangen sollen auch erst einmal die anderen.

Aber jetzt, wo Putin ernst gemacht hat und es richtig an Ihr Portemonnaie geht, da werden Sie ziemlich unruhig. Der Reflex, als Betroffene zu fordern, der Staat möge doch bitte für die drohenden Mehrkosten aufkommen, ist nachvollziehbar. Schließlich haben Sie ja in den letzten Jahren immer so reagiert.

Unter uns: Wir wissen doch seit vielen Jahren, dass wir viel zu viele Ressourcen verbrauchen und im Bundesdurchschnitt fünfmal mehr CO_2 emittieren, als wir eigentlich sollten, kurz, dass wir ökologisch maßlos über unsere Verhältnisse leben. Man könnte Putin fast dankbar sein, dass er uns das Gas abgedreht hat. Das ist kein Zynismus, sondern eine bittere Erkenntnis. Leider entsteht Veränderung selten über Einsicht, sondern viel eher über ökonomischen Druck.

Auch wenn Sie das alles als ungerecht empfinden: Es hilft Ihnen und uns allen nicht weiter. Sie können natürlich den Kopf erstmal in den Sand oder sonst wohin stecken, aber es wird Ihnen dabei vermutlich die Puste und dauerhaft auch das Geld ausgehen.

Also fangen Sie an. Nehmen Sie sich die Zeit, einmal sorgfältig die Energieströme in Ihrem Haushalt einschließlich der Mobilität anzuschauen und zu dokumentieren. Wir unterstützen Sie dabei, in einem zweiten Schritt diese Ströme zu reduzieren – wir, damit sind hier und im Folgenden der Autor und seine Kolleg*innen im Arbeitsumfeld Architekturbüro und Netzwerk Energieberatung gemeint. In einem nächsten Schritt überlegen Sie, welche Spielräume Sie nutzen wollen und können, um im Rahmen Ihrer Möglichkeiten ein optimales Ergebnis zu erreichen.

Je früher Sie sich damit anfreunden, dass Sie etwas tun müssen, desto besser: Sie wollen ein Gefühl für die Energieströme bekommen, können sich vielleicht von manchen Fahrlässigkeiten verabschieden und sollten für sich klären, ob Sie möglicherweise eine größere Investition in Ihre Immobilie in Betracht ziehen müssen. Betrachten Sie die Gaskrise einfach als Chance, Ihren Energieverbrauch gründlich zu durchforsten und auszumisten, eine eigene Strategie zu entwickeln und den Blick frei zu bekommen für die vielfältigen und kreativen Möglichkeiten, die Sie haben – es gibt viel mehr, als Sie vielleicht denken.

Wir unterstützen Sie gern dabei. Fast vierzig Jahre Erfahrung in der komplexen Betrachtung von Energieströmen und dem energetischen Sanieren von Wohngebäuden sind in dieses Buch eingeflossen, Erfahrungen, die wir in eine Vielzahl von einfachen Tabellen und Rechenbeispielen übertragen haben. Die aktuellen Energiekosten sind mit einem Strompreis von 0,40 €/kWh und mit einem Gaspreis von 0,15 €/kWh angesetzt und so transparent ausgewiesen, dass Sie die Beispiele gegebenenfalls selbst durch eine einfache Dreisatzrechnung aktualisieren können – in diesen Zeiten ist ja kein Preis mehr sicher.

Das Buch wagt den Spagat zwischen: *Zuviel Duschen ist ohnehin nicht gut für die Haut* bis zu *Nutzen Sie die Gelegenheit, beim Sanieren Ihres Hauses darüber nachzudenken, ob Sie sich nicht verkleinern sollten und eine Einliegerwohnung abtrennen.*
Wir halten Sie gedanklich in Bewegung.

Bei den folgenden Betrachtungen haben wir die übliche Systemgrenze erweitert: In der Bilanzierung des Gebäude-Energie-Gesetzes (GEG) gilt die Außenkante des Gebäudes als Systemgrenze – wir haben diese um Ihre Mobilität erweitert. Denn jedes Gebäude verfügt lagebedingt über eine Art von *Zwangsmobilität*: Wohnen Sie in der Stadt mit einer komfortablen Anbindung an öffentliche Nah- und Fernverkehrssysteme sowie vielen fußläufig oder mit dem Rad erreichbaren Infrastruktureinrichtungen wie Schulen, Arbeitsplätze, Gesundheits- und Kulturangebot? Oder wohnen Sie eher ländlich und sind schlichtweg auf ein Auto angewiesen? Je nach Wohnort unterscheiden sich die Prioritäten und Konzepte wesentlich.

Wenn Sie Ihre energetische Bestandsaufnahme vollzogen haben und Ihre Einsparziele definiert haben, können Sie überlegen, ob Sie besser beim Gebäude oder bei der Mobilität anfangen – Hauptsache, Sie gehen mit Elan und Freude an diese Arbeit.

Sie werden beim Lesen schnell feststellen, dass die Palette der Maßnahmen nicht nur technische Lösungen umfasst, sondern auch die Spielräume einbezieht und dimensioniert, die sich durch einen konsequenteren Umgang mit Energie im Alltag ergeben. Komfort, Gebäude und Mobilität haben einen wesentlichen Einfluss auf Ihre Energiebilanz.

Wir haben versucht, neben den technischen Lösungen auch den *gesunden Menschenverstand* mit einzubinden. Es ist unbestritten, welche großartigen energieeffizienten Technologien in den letzten Jahrzehnten entwickelt worden sind, die uns das Leben angenehmer und bequemer machen. Aber überall in der Wirtschaft geht es auch um Verführen und Verkaufen. Und Sie müssen das alles letztlich bezahlen und das nötige Geld vorher verdienen. Und jede Technik geht irgendwann kaputt, so dass Sie sich hin und wieder die Frage stellen sollten: *Brauche ich das wirklich, muss ich die alte Technik wirklich durch eine neue ersetzen?* bis hin zu: *Kann ich nicht ganz darauf verzichten?* Man kann diesen Gedankengang auch auf Wohnraum übertragen. Haben Sie wirklich schon einmal darüber nachgedacht, was es kostet, z.B. ein Kinderzimmer zwanzig Jahre leer stehen zu lassen?
Die Lösung finden Sie auf Seite 47.

Verzicht ist in der heutigen gesellschaftlichen und politischen Diskussion ein rotes Tuch und stößt überwiegend auf Ablehnung. Niemand traut sich diesen Begriff noch in den Mund zu nehmen, Verzicht auf Wohlstand und technischen Komfort schürt Ängste. Aber mal ehrlich: Ging es Ihnen in 20 Jahren ohne Smartphone und schnelles Internet so viel schlechter als heute? Oder waren Sie vielleicht sogar entspannter und weniger abgelenkt? Man könnte viele weitere Beispiele nennen, die unter dem Vorwand des Komfortgewinns eigentlich nur eines bedeuten: Diebstahl von Lebenszeit.

Wie immer Sie dazu stehen mögen, dieses Buch möchte Sie anregen, eingefahrene Denk- und Handlungsgewohnheiten zu hinterfragen und sich ernsthaft, aber frohgelaunt mit Ihrem künftigen Energiebudget auseinanderzusetzen.

Vielleicht werden Sie am Ende feststellen, dass dieses Buch eine der besten Investitionen war, die Sie in den letzten Jahren getätigt haben. Auch wenn Sie den Autor zwischenzeitlich verfluchen, weil er Ihnen Ihre Versäumnisse, Nachlässigkeiten und Bequemlichkeiten gnadenlos vor Augen hält, Ihnen aber auch ständig zu verstehen gibt, dass Sie sehr viele technische, organisatorische und phantasievolle Möglichkeiten haben, Ihren Energieumsatz drastisch zu senken.

Bleiben Sie gelassen, und nehmen Sie es nicht persönlich.

Oldenburg, im Frühjahr 2023

1 Bestandsaufnahme

Bilanzieren Sie Ihren Energieverbrauch

Die Eingangsfrage einer jeden Energieberatung *Wie viel Energie verbrauchen Sie denn so im Jahr?* beantworten gefühlt 90% aller Haus- und Wohnungseigentümer mit einem Schulterzucken oder einer entsprechenden verbalen Antwort. Wenn es gut läuft, dann sind die monatlichen Abschlagszahlungen an die Energieversorger bekannt.

Da liegt der Ursprung Ihres Problems. Wer kein Gefühl für die Größenordnungen der eigenen Energieverbräuche hat, kann auch kaum ein Bewusstsein für den Verbrauch und die möglichen Einsparpotenziale entwickeln, geschweige denn die ökonomische Relevanz der verschiedenen Maßnahmen in den verschiedenen Segmenten beurteilen. Daher möchten wir Ihnen dringend empfehlen, sich mit den wesentlichen Energieströmen vertrauter zu machen, um ein Gefühl für die Kosten zu bekommen und diese dann schrittweise zu reduzieren.

Heizen, Warmwasser und Strom

Als erstes suchen Sie bitte die letzten Abrechnungen Ihres Energieversorgungsunternehmens heraus. Sowohl bei Ihrer Gas- wie auch der Stromabrechnung werden die jährlichen Verbräuche in Kilowattstunden (kWh), bei Fernwärmeanschlüssen oft auch in Megawattstunden (1 MWh = 1.000 kWh) angegeben. Manchmal ist es ganz sinnvoll, die letzten Jahresabrechnungen einmal zu vergleichen. Auch wenn die letzten Winter unterschiedlich hart ausgefallen sind, so lassen die Abrechnungen doch auch Rückschlüsse auf eventuelle Fehler in Ihrem Heizsystem zu.

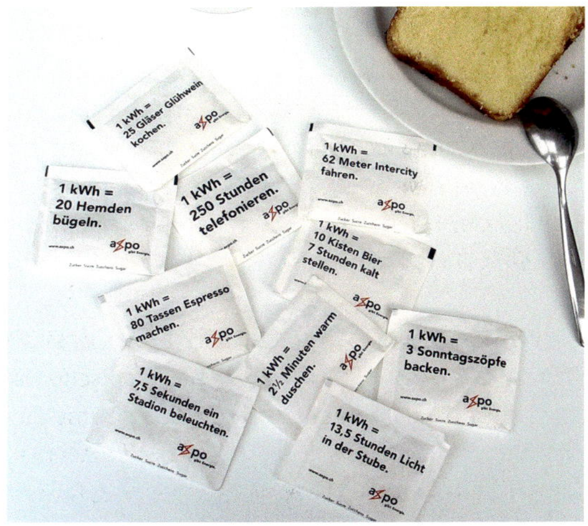

1.1
Der Schweizer Energiekonzern axpo hat vor einigen Jahren alltägliche Beispiele von Energieäquivalenten auf Zuckertütchen gedruckt, um nebenbei beim Kaffeetrinken ein Gefühl zu einer Kilowattstunde Strom zu vermitteln.

Vergleich verschiedener Energieverbräuche im 4-Personen-Haushalt				
Funktion	**Komfortprofil**			
	sehr sparsam	**sparsam**	**normal**	**großzügig**
	KfW 40 Standard	**Mindeststandard Neubau**	**Mäßig sanierter Altbau**	**Unsanierter Altbau**
Heizen	6.000 kWh/a	9.000 kWh/a	18.000 kWh/a	30.000 kWh/a
Warmwasser	1.000 kWh/a	1.500 kWh/a	2.400 kWh/a	3.500 kWh/a
Haushaltsstrom	1.500 kWh/a	2.500 kWh/a	3.500 kWh/a	5.000 kWh/a
Autofahren	1.200 kWh/a	4.000 kWh/a	7.200 kWh/a	12.000 kWh/a
Summe	**9.700** kWh/a	**17.000** kWh/a	**31.100** kWh/a	**50.500** kWh/a

1.2
Übersicht über die verschiedenen Energieverbräuche in Abhängigkeit von Gebäudestandard und Nutzerverhalten. Wenn man die eigene Energiebilanz erstellt, wird man sich schnell über die Spielräume in den verschiedenen Sektoren klar, z.B. beim Autofahren.

1.3
Strommessgerät. Nur wenige Geräte verfügen über eine Fernanzeige, sodass man die entnommene Strommenge auch an schlecht zugänglichen Steckdosen komfortabel beobachten kann.

Ihrer Stromrechnung entnehmen Sie Ihren Jahresverbrauch ebenfalls in kWh. Kaufen Sie sich ein Stromkostenmessgerät (ab 20 € in jedem Baumarkt) und machen sich einmal die Mühe, die wesentlichen Verbraucher für 24 Stunden zu messen. Das Ergebnis, mit 365 multipliziert, ergibt den Jahresverbrauch des betreffenden Gerätes. Bei Ihrem Elektroherd und einigen leistungsstarken Durchlauferhitzern funktioniert das allerdings nicht, weil diese aufgrund des 400 V-Dreiphasen-Drehstroms fest mit dem Stromnetz verbunden sind. Listen Sie alle Einzelverbräuche sorgfältig auf und zählen Sie sie zusammen. Wie groß ist der Unterschied zum gemessenen Gesamtverbrauch?

Auch wenn der auf der Rechnung ausgewiesene Öl- oder Gasverbrauch in der Regel nur den Gesamtverbrauch für Heizung *und* Warmwasser beschreibt, können Sie in einem nächsten Schritt vielleicht ein paar Randbedingungen ermitteln, z.B.

- die durchschnittliche Zimmertemperatur tagsüber und nachts,
- die Heizdauer: Wie lange und auf welcher Temperatur läuft Ihre Nachtabsenkung und gibt es Tageszeiten, bei denen niemand zuhause ist und die Heizung manuell oder automatisch heruntergeregelt wird?
- die Anwesenheit: Wann benutzen Sie welche Zimmer?

Den Warmwasseranteil aus einer Öl- oder Gasrechnung herauszufiltern, ist in den meisten Fällen nicht möglich, weil keine separaten Wasserzähler für Warmwasser vorhanden sind. Der Einbau eines solchen Zählers gleich hinter dem Wärmespeicher kostet ca. 150 € incl. Montage, allerdings zählt dieser nur die Wassermenge, den Energieverbrauch müssen Sie dann selbst ermitteln (siehe Kap. 4.2).

In vielen Haushalten gehört das Duschen zu den größten Warmwasserverbrauchern. Mit einfachen Mitteln können Sie Ihren aktuellen Verbrauch einschätzen:

- Machen Sie den Eimertest: eine Minute lang den Duschkopf in den Eimer halten und die Wassermenge messen (ggf. mit einer Waage: 1 kg = 1 l)! Dann kennen Sie die Durchflussmenge Ihres Duschkopfes pro Minute.
- Messen Sie die maximale Temperatur Ihres Warmwassers.
- Messen Sie die Dauer Ihrer Duschvorgänge.

Wir sind es gewohnt, Energieaufwendungen für Gebäude und Mobilität getrennt zu betrachten. Das hat ganz pragmatische Gründe im Hinblick auf die Vergleichbarkeit von Gebäuden und Verkehrsmittel untereinander. Allerdings sollten Sie bei der Bilanzierung Ihres individuellen Energieverbrauches

Auszug aus einer Gasrechnung

Verbrauchsübersicht	Abrechungszeitraum	Verbrauch	Tage/Jahr	Tagesverbrauch	Jahresverbrauch
Aktuelle Abrechnung	05.03.2021 - 28.02.2022	17.879 kWh	361	49,53 kWh/d	18.482 kWh/a
Vorherige Abrechnung	11.03.2020 - 04.03.2021	16.586 kWh	359	46,20 kWh/d	17.105 kWh/a

1.4: Auszug aus einer Gasrechnung. Mittlerweile sind die meisten Energieversorger dazu übergegangen, den Verbrauch des Vorjahres mit zu dokumentieren.

1.5
Wenn Sie feststellen, dass sich an Ihrem Auto vermehrt Spinnweben ansiedeln, dann sind Sie auf einem guten Weg.

1.6
Man bekommt durch den Fahrradtacho ein Gefühl für Entfernungen, Geschwindigkeiten und die periodische Fahrleistung.

beides zusammen erfassen, um daraus eine individuelle Energiestrategie bzw. Prioritätenliste zu entwickeln.

Mobilität

Erfassen Sie einmal Ihre Mobilitätskosten. Auch wenn Sie bisher keine Benzinquittungen gesammelt oder Fahrtenbuch geführt haben, sollten Sie das einfach mal tun.

Wenn Ihnen das im Einzelnen zu lästig ist, wählen Sie folgende Methode: Nehmen Sie Ihre letzte und vorletzte Inspektionsrechnung Ihres Autos. Auf diesen sind die Kilometerstände dokumentiert. Nehmen Sie also die Differenz dieser beiden Zahlen, teilen diese durch die Anzahl der Monate, die zwischen den beiden Inspektionen lagen, und multiplizieren diesen Wert mit 12, so erhalten Sie Ihre aktuelle jährliche Kilometerleistung. Lesen Sie nun Ihren Bordcomputer aus, der Ihnen den Gesamtdurchschnittsverbrauch Ihres Autos anzeigt. Den Durchschnittsbenzinpreis der letzten 12 Monate erfahren Sie unter: https://de.statista.com

Auch wenn es manchmal lästig ist und ein wenig Selbstdisziplin erfordert: Ein Fahrtenbuch hat den Vorteil, dass Sie ein Gefühl dafür bekommen:

- Wie hoch ist Ihre jährliche Gesamtfahrstrecke?
- Welche Einzelstrecken fahren Sie und wie häufig?
- Welchen Zweck haben Ihre Fahrten?
- Zu welchen Zeiten sind Sie unterwegs?

Anhand dieser Daten können Sie überlegen (müssen es aber nicht), welche dieser Strecken evtl. auch mit anderen Verkehrsmitteln zurückgelegt werden könnten. Auch die übrigen Fahrten können Sie relativ einfach auflisten.

Öffentlicher Verkehr: Wie viele Strecken und zu welchem Zweck haben Sie im letzten Jahr mit öffentlichen Verkehrsmitteln zurückgelegt? Welche Vergünstigungen kennen Sie und welche haben Sie genutzt (Zeitkarten, Bahncard etc.)?

Fahrrad: Welche Strecken haben Sie im letzten Jahr mit dem Fahrrad zurückgelegt? Welche Strecken könnten oder würden Sie zusätzlich mit dem Fahrrad fahren? Woran scheitert das? An der entsprechenden Kleidung, der Anschaffung eines Pedelecs oder an mangelndem Interesse? Seien Sie ehrlich zu sich selber. Ein Fahrradtacho ist ein nützliches Hilfsmittel, um die eigene Fahrleistung richtig einschätzen zu können.

Wenn Sie in einer Excel-Tabelle einmal die wesentlichen Wegstrecken der in Ihrem Haushalt lebenden Personen auflisten, erhalten Sie ein Gefühl für die Größenordnungen. Sie können auch für die einzelnen Verkehrsmittel Energieverbrauch, CO_2-Emissionen und Kosten hinterlegen. So kommen

	Verkehrs-mittel	Spez. Verbrauch* kWh/km	Verkehrsweg hin + zurück km	Häufigkeit pro Jahr	Gesamtstrecke km/a	Energieverbrauch kWh/a	CO_2-Emission kg/a	Kosten €/a
Vater								
Arbeit	Auto	0,75	40	220	8.800	6.600	1.756	4.400
Beruf	Bahn	0,22	200	10	2.000	440	90	260
Einkauf	Auto	0,375	6	45	270	101	27	68
Freizeit	Auto	0,25	10	45	450	113	30	113
Freizeit	Fahrrad	0	10	45	450	0	0	36
Urlaub 1	Flugzeug	0,32	4.000	1	4.000	1280	824	300
Urlaub 2	Auto	0,25	1.200	1	1.200	300	80	200
Ausflüge	Auto	0,25	60	20	1.200	300	80	200
Mutter								
Arbeit	Auto	0,75	20	220	4.400	3.300	878	2.200
Einkauf	Auto	0,375	6	45	270	101	27	68
Freizeit	Auto	0,375	10	45	450	169	45	113
Freizeit	Fahrrad	0	10	45	450	0	0	36
Urlaub 1	Flugzeug	0,32	4.000	1	4.000	1280	820	300
Urlaub 2	Auto	0,25	1.200	1	1.200	300	80	200
Ausflüge	Auto	0,25	60	20	1.200	300	80	200
Kind 1								0
Schule	Fahrrad	0	6	200	1.200	0	0	96
Freizeit	Fahrrad	0	10	45	450	0	0	36
Freizeit	Auto	0,375	10	45	450	169	45	113
Urlaub 1	Flugzeug	0,32	4.000	1	4.000	1280	820	300
Urlaub 2	Auto	0,25	1.200	1	1.200	300	80	200
Ausflüge	Auto	0,25	60	20	1.200	300	80	200
Summe Mobilität						**16.633**	**5.840**	**9.639**

* spez. Verbrauch ist auf die Persorsonenzahl umgerechnet

1.7
Beispiel der überschlägigen Berechnung einer dreiköpfigen Familie. Wenn man eben nicht in den Urlaub fliegt und es schafft, die Autofahrten zur Arbeit zu halbieren, würde sich der Energieverbrauch um fast 50% reduzieren.

Sie womöglich zu dem Ergebnis, dass das Sparziel bei Ihrer Mobilität mit wesentlich geringerem Aufwand zu erreichen ist als mit den erheblich teureren baulichen und technischen Veränderungen am Gebäude (Kap. 6 und 7). Allerdings liegen die Spielräume bei der Mobilität vor allem im organisatorischen Bereich.

Bilanzieren Sie weiter

Auch wenn Sie jetzt etwas irritiert sein sollten, nutzen Sie die Gelegenheit, Ihren *strukturbedingten* Energieverbrauch zu ermitteln, z.B.

- Wie viel Wohnraum halten Sie vor, und welchen davon nutzen Sie wirklich?
- Passt Ihr Wohnraum noch zu Ihrer augenblicklichen Lebenssituation, bzw. zu derjenigen, die Sie sich für die nächsten Jahre wünschen?
- Welche Dinge halten Sie vor oder stehen bei Ihnen rum, die Sie schon seit Jahren nicht mehr benutzt haben und von denen Sie glauben, Sie könnten diese noch mal benutzen, was Sie aber nie tun werden?

- Wie setzt sich Ihre Mobilität zusammen? Sind wirklich alle Wege notwendig, die Sie zurücklegen, oder besteht ein Optimierungspotenzial? Wenn ja, welches?
- Welche alternativen Fortbewegungsmöglichkeiten kommen grundsätzlich in Betracht, welche Hürden müssten überwunden werden, um diese zu nutzen?
- Wie lange nutzen Sie die Geräte und Ausstattungsgegenstände im Haus?
- Welche Gegenstände und Geräte haben Sie schon seit Jahren nicht mehr benutzt?
- Welche Neuanschaffungen (auch da steckt die aktuell teuere Energie drin, die Sie mitbezahlen müssen) planen Sie und brauchen Sie diese wirklich?

Fügen Sie alle Fragen hinzu, die Ihnen zum Wohnen, Ihrer Mobilität und Ihrem Energieverbrauch einfallen, die direkt oder indirekt mit dem Thema Energie zusammenhängen.

Und wenn Sie schon einmal dabei sind: Bilanzieren Sie doch auch einfach einmal Ihre Einnahmen und Ausgaben: Wissen Sie eigentlich, welche Mengen Geld Sie wofür ausgeben? Auch wenn das bisher nicht notwendig war, weil Sie immer mit Ihrem Geld gut ausgekommen sind, so könnte sich die aktuelle Situation durch die erheblichen Mehrausgaben für Energie doch ändern.

Stellen Sie doch einmal Ihre monatlichen oder auch jährlichen Ausgaben zusammen. Dazu müssen Sie nicht jeden Kassenzettel aufbewahren, sondern die wesentlichen Posten auflisten: Wohnen, Auto, Ernährung, Urlaube, Körperpflege, Versicherungen, Kommunikation usw.

Wenn Sie es ganz perfekt machen wollen, finden Sie für die Zusammenstellung vorkonfigurierte Excel-Dateien im Internet. Sie werden erstaunt sein, wie sich Ihr Etat prozentual zusammensetzt und an welchen Stellen Einsparmöglichkeiten vorgenommen werden können.

Konsumausgaben deutscher Haushalte 2020	
Wohnen und Energie	37%
Nahrungsmittel, Getränke, Tabakwaren	15%
Verkehr	13%
Freizeit, Unterhaltung, Kultur	10%
Innenausstattung, Haushaltsgeräte und Gegenstände	6%
Gesundheit	4%
Beherbergung und Gaststättendienstleistungen	4%
Bekleidung und Schuhe	4%
andere Waren und Dienstleistungen	4%
Post- und Telekommunikation	3%
Bildungswesen	1%
Summe	100%

1.8
Durchschnittliche Verteilung der Konsum-Ausgaben eines deutschen Haushaltes. Die Anteile fallen je nach Einkommen und Lebenssituation sehr unterschiedlich aus.

2 Spielräume im Alltag

Handeln durch Erkenntnis

Ihr Grundsatz sollte lauten: Ich will **kein** Opfer sein! Also, übernehmen Sie Verantwortung! Dass die fossilen Energiemengen begrenzt sind und dass es heutigen Generationen in keiner Weise zusteht, diese alleine zu verbrauchen, ist im Grunde seit Jahrzehnten bekannt. In all den Jahren waren Gas und Öl (im Verhältnis zum Herbst 2022) vergleichsweise spottbillig, so dass Sie sich damit beruhigen konnten, dass ja viele energiesparende Maßnahmen gar nicht *wirtschaftlich* waren. Dieser Fehleinschätzung sind in der Vergangenheit die Meisten unterlegen – weil eben nur die Messlatte Wirtschaftlichkeit angelegt wurde.

Nichts im Leben ist wirtschaftlich. Das ganze Leben kostet einfach Geld. Sie stellen sich die Wirtschaftlichkeitsfrage bei den alltäglichen Ausgaben doch auch nicht: die neuen Klamotten sind nicht wirtschaftlich, die Urlaubsreise, das neue Sofa. Man kann diese Reihe beliebig fortsetzen und wird bei den wesentlichen Ausgaben immer wieder zum gleichen Ergebnis kommen: Was ist Ihnen eine Sache wert? Und wenn Sie ehrlich zu sich selber sind. Die Minimierung Ihres häuslichen Energieverbrauches war Ihnen bisher auch nicht so viel wert, sonst hätten Sie dieses Buch nicht kaufen müssen.

Es geht nicht darum, irgendjemand wegen solcher Versäumnissen moralisch unter Druck zu setzen. Ich möchte Sie nur freundlich daran erinnern, dass Sie in den letzten Jahren bei Ihren größeren Ausgaben und Anschaffungen Ihre Prioritäten vielleicht doch etwas kurzfristig gesetzt haben.

Wir bauen und sanieren schon seit Beginn der 1980er Jahre Häuser mit maximaler Wärmedämmung und unter Einsatz regenerativer Energien. Natürlich waren diese immer 10 - 20% teurer als Häuser im gesetzlichen Mindeststandard. Aber wer es wirklich wollte, der machte das einfach. Dann wurde eben bei der Wohnfläche und an Ausstattungen wie Fliesen, Objekte und Armaturen, Fußböden etc. gespart – lustvolle Einfachheit und vor allem die Freude an dem geringen Verbrauch, der minimalen Strom- und Gasrechnung und der größeren Unabhängigkeit von Versorgungsunternehmen und Preisentwicklungen.

Persönliche Entschuldigungen helfen an dieser Stelle nicht weiter. Am besten, Sie haken die Versäumnisse der Vergangenheit einfach ab und schauen nach vorn. Wenn Sie jetzt nicht handeln, wird es nicht nur bei der nächsten Strom- und Gasrechnung ein sehr böses Erwachen geben, sondern auch alle weiteren Abrechnungen in den nächsten Jahren werden Ihnen immer wieder Sorgen und schlechte Laune bereiten. Wollen Sie das wirklich?

Je früher Sie die vielfältigen Möglichkeiten erkennen, wie Sie Ihren Verbrauch ohne nennenswerten Komfortverlust merklich reduzieren können, allein durch einen bewussteren Umgang mit Energie im

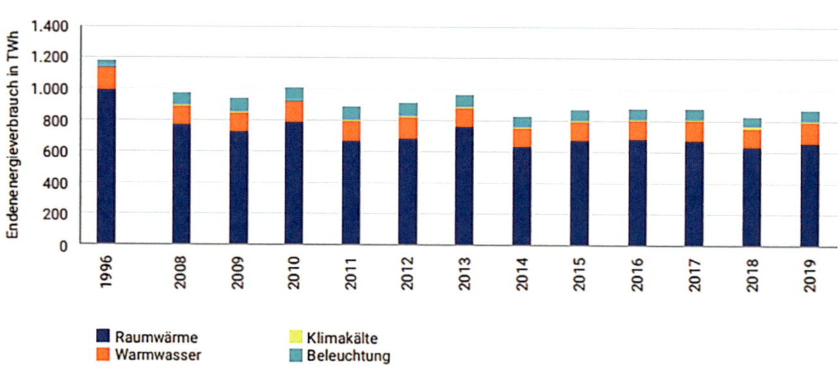

2.1
Entwicklung des Endenergieverbrauchs in Gebäuden 1996 - 2019 (nicht klimabereinigt). Quelle BMWi 2021

Alltag, umso besser. Denn Energiesparen ist oftmals eine Frage von Effektivität und Effizienz, verbunden mit ein wenig Selbstdisziplin. Deshalb versuchen Sie einfach, eine sportliche Freude am sparsamen Umgang zu entwickeln und – belohnen Sie sich und Ihr Portemonnaie.

Unwissenheit, Gewohnheiten, Nachlässigkeiten, Marotten

Keine Sorge, Sie befinden sich in guter Gesellschaft: Die absolute Mehrheit der Menschen in diesem Land zeichnete sich bisher durch einen eher sorglosen Verbrauch von Energie aus. Anders ist es nicht zu erklären, dass der Endenergieverbrauch der Gebäude in den letzten Jahrzehnten trotz energieeffizienter Technologien und milliardenschwerer Förderprogramme nicht gefallen ist (siehe Abb. 2.1).

Mal ehrlich: So wirklich hat Sie das Thema bisher auch nicht interessiert. Na gut, hin und wieder haben Sie sich über steigende Gas-, Strom- und Benzinpreise aufgeregt, es aber stillschweigend billigend in Kauf genommen, wenn diese wieder gefallen sind. Auch Ihren jährlichen Einkommenszuwachs haben Sie als selbstverständlich erachtet.

Im Vertrauen darauf, dass alles so weitergeht, gab es wenig Veranlassung, sich ernsthaft mit energiesparenden Entscheidungen auseinanderzusetzen, geschweige denn, diese umzusetzen und dafür das Sparbuch zu plündern oder sich gar zu verschulden. Schließlich waren die zahlreichen anderen, attraktiveren Ausgaben ja wirklich reizvoll: Urlaubsreisen, ein neues Auto, Einbauküche, Klamotten und sonstige Dinge, die Ihr Wohlbefinden und Selbstwertgefühl steigern. So gesehen hat es nicht daran gelegen hat, dass Sie sich energiesparende Investitionen nicht leisten konnten, sondern dass Ihnen das bisher weniger wichtig war.

In diesen Zeiten ist der soziale Druck aus der Gesellschaft deutlich größer geworden, vielleicht werden auch Sie manchmal schon schief angesehen: Wenn Sie mit dem Flugzeug in den Urlaub fliegen (außer von den Mitreisenden), und die Zeiten, in denen ein großes Auto noch als Symbol des sozialen und materiellen Aufstiegs galt, sind auch vorbei. Man kommt unter Rechtfertigungszwang – nicht ganz unberechtigt, insbesondere wenn der eigene CO_2-Fußabdruck weit über dem liegt, was dieser Planet zur Erhaltung der Lebensgrundlage aller Menschen verträgt.

So sind Sie von den Entwicklungen auf der Welt und insbesondere auf den Energiemärkten ziemlich kalt erwischt worden. Sie merken, es tut langsam weh im Portemonnaie, auch machen sich langsam Zweifel breit, ob Sie nicht Ihre Entscheidungen im Hinblick auf neue Prioritäten überdenken sollten. Eines ist in den letzten Monaten jedenfalls endgültig klar geworden: Diese paradiesischen Energiepreise der letzten Jahre wird es wohl nicht wieder geben.

Also gilt es, die Vielzahl eigener (An-) Gewohnheiten einmal entspannt durchzuforsten:

- die Heizung auch dann laufen zu lassen, wenn man gar nicht zu Hause ist,
- das Licht auch dann brennen zu lassen, wenn sich niemand im Raum befindet,

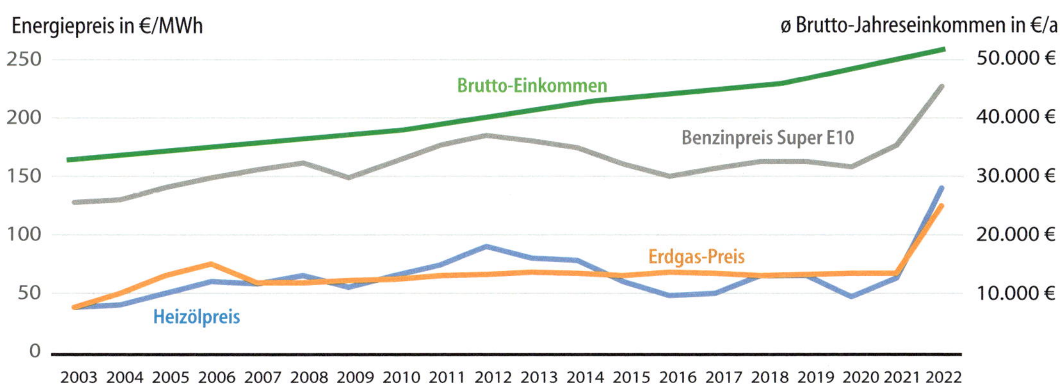

2.2: Preisentwicklung bei Strom, Gas, Benzin und Einkommensentwicklung Deutschland nach Daten aus destatis.

- das warme Wasser einfach laufen zu lassen, auch wenn man sich gerade einseift,
- die Kühltruhe nicht weiter zu beachten, obwohl sie schon wieder ziemlich vereist ist, so dass sich die Fächer kaum noch herausziehen lassen.
- Um die Heizung haben Sie sich auch nicht gekümmert, weil es noch keine Störungsmeldung gab, die Sie zum Handeln gezwungen hat.
- Das Nachfüllventil zur Erhöhung des Wasserdrucks im Heizsystem hat Ihnen auch noch niemand gezeigt.
- Und dass der Heizungskeller so schön warm ist wegen all der ungedämmten Rohrleitungen, finden Sie nicht unangenehm, weil es zum Wäschetrocknen sogar praktisch ist.
- Die zwanzig Jahre alten Umwälzpumpen funktionieren ja auch noch und laufen für alle Fälle auf höchster Stufe: lieber zu warm als zu kalt – man kann ja lüften. Dass diese Pumpen Strom fressen, das war halt früher so.
- Den neuen Fernseher haben Sie letztens noch nach Größe und Bildqualität gekauft, außerdem war dieser im Angebot und ein paar komfortable Ausstattungsdetails waren auch dabei; der Energieverbrauch war bei der Entscheidung nicht so wichtig.

Dabei gibt es gerade bei den Elektrogräten seit vielen Jahren eine Deklarationspflicht.

Ein Beispiel: Wenn Sie bis vor einem Jahr einen Tiefkühlschrank gekauft haben, der die für Sie durchaus attraktive Kennzeichnung A^{+} trug (jährlicher Energieverbrauch 300 kWh), so verbraucht dieser in seiner vielleicht 15-jährigen Nutzungsdauer etwa 4.500 kWh Strom, was bei stabilen Strompreisen insgesamt etwa 1.800 € kostet. Ein Gerät der Effizienzklasse A^{+++} kommt mit der Hälfte der Stromkosten aus, so dass selbst unter Berücksichtigung der höheren Anschaffungskosten die jährlichen Ersparnisse noch bei ca. 50 - 55 € liegen. Mittlerweile hat die EU ein neues Label eingeführt, die Effizienzklassen wurden abgesenkt, um den Anreiz für die Hersteller zu erhöhen, noch effizientere Geräte weiterzuentwickeln. Gleichzeitig werden die Käufer angehalten, mehr auf den absoluten jährlichen Energieverbrauch zu achten.

Es gibt eine einfache Überschlagsrechnung zur Ermittlung der Energiekosten: Wenn Sie den auf dem Energielabel ausgewiesenen Jahresenergieverbrauch mit dem Faktor 4 multiplizieren, wissen Sie ungefähr, welche Energie*kosten* im Laufe einer 10-jährigen Nutzungsdauer auf Sie zukommen, also z.B.:

Gefrierschrank mit 300 kWh/a x 4 = 1.200 €
Energiekosten in 10 Jahren.

Sie können das auch auf eine einzige Kilowattstunde herunterbrechen:
10 * 1 kWh/a * 0,40 €/kWh = 4 € in 10 Jahren.
Da lohnt es sich schon einmal genauer hinzusehen.

Woran erkennt man ein neu skaliertes Produkt?

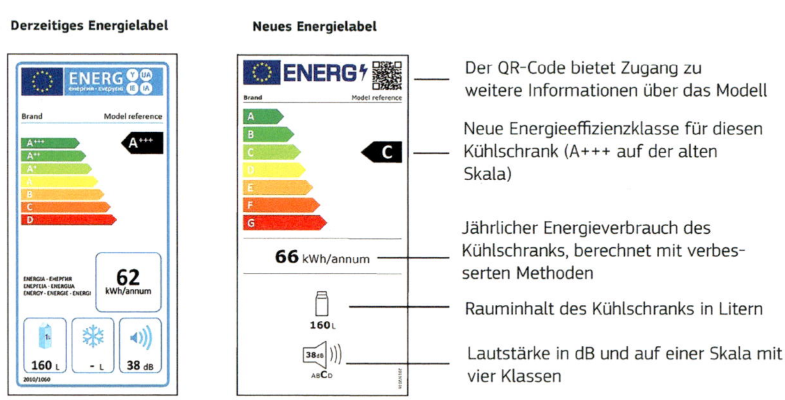

2.3
Energiesparlabel alt und neu, die Effizienzklassen wurden abgesenkt, um der Industrie Anreize für Innovationen zu bieten.

Das Gleiche gilt für die Mobilität. Sie sind es gewohnt, sich ins Auto zu setzen, weil das so praktisch ist, auf dem Weg zur Garage nicht einmal nass zu werden, das Tor öffnet sich auch mittels Fernbedienung, und weil die elektrische Sitzheizung auch schnell warm wird, geht es auch ohne Jacke. An den täglichen Stau haben Sie sich ebenfalls gewöhnt, Sie haben sich vorsichtshalber einen Kaffee von zu Hause mitgenommen und immerhin haben Sie Ihre Lieblingsmusik dabei. Sie haben zwar grob den Spritpreis im Kopf, aber die paar Kilometer…

Und Sie kultivieren Ihr Gefühl, es geht sowieso nicht anders. Lust, sich um eine Alternative zu kümmern, haben Sie schon gar nicht – oder keine Zeit: die am häufigsten strapazierte Ausrede in den letzten Jahren.

Warum kommen wir nicht weiter?

- Wir suchen Entschuldigungen,
- finden Rechtfertigungen,
- verdrängen,
- ziehen uns aus der Verantwortung,
- sind Opfer,
- bescheißen uns selber,
- lassen uns verführen,
- sind zu bequem,
- klammern uns an das Vertraute,
- sind risikoscheu,
- haben keine Phantasie,
- können nicht rechnen,
- brabbeln alles nach,
- sind schlecht trainiert,
- haben keinen Plan,
- merken nichts mehr!
- Sind wir vielleicht einfach zu blöd?

Selbstüberlistung: Sparen ohne zu leiden

Wir haben in Deutschland ein wenig entspanntes Verhältnis zum Begriff *Sparen*. Der Begriff hat so etwas Zwanghaftes und Sorgenvolles, wie ein Bild aus den Zeiten des Mangels. Man kann *Sparen* aber auch als eine sehr selbstverständliche, sinnvolle und intelligente Eigenschaft zur eigenen Entlastung und Entspannung betrachten – bis hin zur lustvollen und sportlichen Herausforderung, die in jedem Fall in eine Belohnung mündet!

Auch der Begriff *Verzicht* verfügt hierzulande nur über geringe Beliebtheitswerte – für Politiker aller Parteien ist er ein rotes Tuch, im öffentlichen Diskurs fast schon ein Tabu: Wer das Wort in den Mund nimmt, hat schon verloren. Verzicht auf was? Ja doch, auf Verschwendung und Überfluss!

Der Belohnungseffekt muss dem Verzicht überlegen sein. Die Botschaft *Verzicht ohne Belohnung* ist in den letzten Jahren in der westlichen Welt schlichtweg zum Scheitern verurteilt gewesen.

Wie sieht Ihre persönliche Trickkiste aus? Da in diesen Zeiten vor allem die Höhe der Energiekosten zum sparen antreibt, wird auch die Belohnung im Wesentlichen in Form von Geld gemessen. Eine Möglichkeit besteht darin, das durch technische Maßnahmen oder Verhaltensänderungen eingesparte Geld periodisch (täglich, wöchentlich, monatlich) direkt zurückzulegen. Die gute alte Spardose mag zwar antiquiert sein, ist aber manchmal ganz nützlich. Man weiß von Rauchern, die sich beim Abgewöhnen dadurch belohnen, dass sie die gut 8 €, die sie bei einer Schachtel am Tag verraucht haben, täglich beiseite legen, so dass sich am Jahresende über 2.500 € angesammelt haben – mit denen man doch eine ganze Menge anfangen kann. Sie rauchen nicht? Noch besser, aber Sie haben das Prinzip verstanden und können das auf irgendeine Ihrer persönlichen Marotten übertragen.

Ein Tipp: Rechnen Sie einfach die Kosten, die in relativ kurzen Abständen in kleinen Häppchen anfallen (Tanken, Mobilfunkvertrag etc.), auf ein, fünf oder zehn Jahre hoch und vergleichen dann das Sparpotenzial – Sie werden überrascht sein.

Sind eigentlich alle Strecken, die man mit dem Auto zurücklegt, wirklich notwendig? Könnten die Kinder nicht auch langsam einmal mit dem Fahrrad zur Schule fahren, und kann man sich am Wochenende nicht auch mit anderen Eltern organisieren, damit Ihre Kinder pünktlich beim Auswärtsspiel ihrer Sportmannschaft erscheinen? Haben Sie den Busfahrplan im Kopf oder hoffen Sie immer noch, einen Parkplatz in der Innenstadt zu finden?

Vielleicht ist es auch einfach nur das gute Gefühl: Meine Familie hat im Laufe der letzten Jahre das Autofahren auf ein Viertel reduziert, Kurzstrecken bis 10 km bewältigen wir mit dem Fahrrad und lange Strecken nur noch mit der Bahn. Man wird gelassener und entspannter, kann in der Bahn lesen, arbeiten oder einfach aus dem Fenster sehen. Und verglichen mit den täglichen Staus auf den Straßen sind die Verspätungen der Bahn zu vernachlässigen.

Und das Auto hält viermal solange – spart sehr viel Geld und leistet nebenher noch einen aktiven Beitrag zum Klimaschutz. Und das Wissen verlagert sich: statt der *Clever-tanken-App* hat man die von der Deutschen Bahn und dem örtlichen Verkehrsverbund an vorderster Stelle.

Mit der Bahn zu fahren ist attraktiver, als viele meinen. Diejenigen, die ohnehin glauben, die Bahn wäre nie pünktlich, zu teuer, zu voll, kommen aus dem Lager der Autofahrer. Dieses Problem, sich die Dinge entsprechend seiner Grundausrichtung hinzudrehen und sich die Dinge sozusagen *schön zu saufen*, trifft auf viele andere Situationen zu. Und nebenbei: Eine britische Studie hat herausgefunden, dass Bus- und Bahnfahrer weniger übergewichtig sind als Autofahrer (SZ 20.08.2014)

Welcher Typ sind Sie:

- Bier oder Wein?
- Fleisch oder Gemüse?
- Meer oder Berge?
- Stein oder Holz?
- Öffentlicher Dienst oder freie Wirtschaft?
- Helene Fischer oder Tote Hosen?
- Auto oder Bahn?

Als langjähriger Bahnfahrer weiß ich, dass es manche Strecken gibt, die einfach konkurrenzlos sind, dazu gehören alle gut ausgebauten ICE-Strecken (z.B. Hamburg – Frankfurt oder München – Berlin) Auch wenn die Pünktlichkeit der Bahn verbesserungswürdig ist, so sitzt man wenigstens entspannt und gemütlich, während man ehrlicherweise zugeben muss, dass ein *stop and go* im Stau höchste Konzentration erfordert.

Man muss sich einmal klarmachen: Die Motorleistung eines deutschen Pkw hat sich in den letzten 30 Jahren nahezu vervierfacht, während sich die Durchschnittsgeschwindigkeit eines Autos so gut wie nicht erhöht hat. Ein heutiger Mittelklasswagen erreicht oft eine Höchstgeschwindigkeit von 200 km/h – aber wo lässt sich diese noch erreichen? Wissen Sie eigentlich, wie lange Sie im letzten Jahr im Stau gestanden haben? In Berlin stand man 2018 ca. 154 Std. im Stau, im Bundesdurchschnitt sind es 120 Stunden (Quelle: INRIX).

Mit einem kleineren und sparsameren Auto stehen Sie übrigens auch nicht länger, finden eher eine Parklücke und sparen ziemlich viel Geld.

Auch das Bedürfnis nach Unabhängigkeit kann ein entscheidender Antrieb sein. Wir haben gerade im Jahr 2022 schmerzlich erfahren, was es heißt, etwa 50% des Erdgases aus Russland zu beziehen. Wenn man, vereinfacht gerechnet, die Hälfte der bisher benötigten Energie einsparen würde, hätten wir eine Sorge weniger. Eine weitgehende Unabhängigkeit von einem einzigen Versorger bringt einfach mehr Handlungsspielräume. Wir haben bei uns im Haus schon vor Jahrzehnten in die besten Energiespartechnologien investiert – und können uns spätestens jetzt entspannt zurücklehnen und abwarten, was kommt. Und manchmal sehen wir es einfach als sportliche Herausforderung: die Lust, den Verbrauch noch weiter zu reduzieren, um zu sehen, was man so schaffen kann…

Der Erfolg stellt sich von ganz alleine ein, ein wenig Phantasie, Selbstdisziplin, Organisationstalent und ein paar Taschenspielertricks, um sich selbst zu überlisten.

Entscheidend ist, dass die eigene Leichtigkeit und der Humor nicht darunter leiden.

Wie sieht Ihre persönliche Prioritätenliste aus?

Wenn Sie dieses Buch lesen, werden Sie viele konkrete Möglichkeiten finden, an welchen Stellen der Hebel zum Energiesparen angesetzt werden kann. Selbst wenn Sie die technischen und organisatorischen Spielräume jetzt kennen, bleibt es entscheidend, wie Sie die anstehenden Aufgaben umsetzen.

Bilanzieren Sie einmal Ihre Ressourcen:

- ökonomisch,
- zeitlich,
- physisch,
- psychisch,
- emotional,
- intellektuell und
- sozial.

Auch wenn es nahe liegt, zuerst Ihre finanziellen Möglichkeiten zu betrachten, sollten Sie unter Berücksichtigung der anderen Faktoren ernsthaft prüfen, welche Anstrengungen Sie in den nächsten Jahren stemmen können und wollen. Überfordern Sie sich nicht; achten Sie darauf, dass bei allem, was an Veränderungen auf Sie zukommen wird, Sie Ihre Lebensfreude nicht verlieren, sondern sie, in der Erkenntnis, etwas Sinnvolles zu tun, eher noch steigern.

Sie werden immer wieder auf Hindernisse stoßen und Gründe finden, warum manches gar nicht geht. Vielleicht fehlt Ihnen das Training, Dinge zu ändern, weil Sie bisher Vieles gar nicht ändern mussten; vielleicht fehlt Ihnen auch die nötige Unterstützung im Familien-, Freundes- und Kollegenkreis? Suchen Sie Verbündete und halten Sie sich die ewigen Bedenkenträger vom Hals! Orientieren Sie sich an denen, die vielleicht schon eine gute Strategie entwickelt haben, Ihr Haus zukunftsfest umzugestalten.

Welche Handlungsfelder gibt es?

Politisches Reglement: Das mögen Sie eigentlich gar nicht. Durch die vielen Regeln fühlen Sie sich gegängelt und in Ihrer Freiheit eingeschränkt. Aber ist das wirklich so? Mal ehrlich: So schrecklich war die Einführung des Sicherheitsgurtes, des Katalysators und des Rauchverbotes in Gaststätten doch gar nicht. Und wenn demnächst die Regelung in Kraft tritt, dass Sie 2/3 Ihrer Heizenergie regenerativ erzeugen müssen und jeder Neubau mit einer Photovoltaikanlage auszurüsten ist, dann werden Sie letztlich davon profitieren. Freiwillig machen Sie es ja nicht. Aber unterstellen Sie der Regierung bitte keine Willkür, auch wenn man nicht alle Regelungen in Sachen Energie und Klima nachvollziehen kann. Die Regierung ist demokratisch gewählt und bei der nächsten Wahl haben Sie ja wieder die Gelegenheit, das gegebenenfalls mehr in Ihrem Sinn zu beeinflussen.

Neue Technologien: Technologie gilt als der Hoffnungsträger für alles, ist die wirtschafts- und wohlstandsfördernde, quasi die *klimaneutrale eierlegende Wollmilchsau*. Schön wärs! Natürlich ist in den letzten Jahren technologisch viel erreicht worden, die Energieeffizienz vieler Dinge des täglichen Lebens wurde verbessert, die regenerativen Energien wurden massiv ausgebaut, gleichzeitig ist aber auch ungleich mehr verbraucht worden: mehr Wohnfläche pro Kopf, mehr und aufwendigere technische und elektronische Geräte, mehr und größere Gefrierschränke und Fernseher, größere Autos und mehr Mobilität. In vielen Bereichen hat

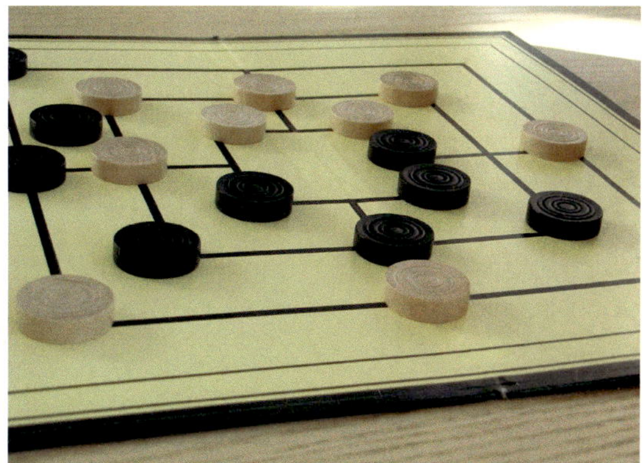

2.4
In welcher Zwickmühle befinden wir uns? Augen zu und durch!? Laufen lassen oder handeln? Durchwurschteln oder Haltung zeigen? Wie hoch ist der Preis?

die technologische Verbesserung sogar zu Mehrverbrauch (sog. Reboundeffekt) geführt.

Neue Technologien sind häufig die bequemste Lösung, dafür aber auch mit Abstand die teuerste. Bei aller Freude über die Einsparung vergisst man häufig die Komplexität und Folgewirkungen bei einem Systemausfall. Finden Sie derzeit mal einen Heizungsbauer, der in der Lage ist, eine Wärmepumpe zu warten: Einbauen ja, aber mehr auch nicht: warten auf den Werkskundendienst.

Und auch die Lebensdauer der Geräte wird kürzer. War ein Heizkessel aus den 1970er Jahren durchaus rund 40 Jahre funktionstüchtig, so liegt die Lebenserwartung einer heutigen Wärmepumpe bei weniger als der Hälfte.

Organisation meint die Optimierung von Wohnen, Arbeiten, Konsum, Freizeit und Mobilität. Sich zu organisieren fällt in Zeiten des Überflusses scheinbar immer schwerer, die zunehmende Individualisierung trägt ihren Teil dazu bei. Sich gut zu organisieren funktioniert nur mit einer Portion Disziplin und der Bereitschaft aller Beteiligten, auf einen Teil der individuellen Freiheiten zu verzichten, Kosten- und Energieeinsparung sind anders kaum zu erreichen. Das Wirtschaftswachstum wird heutzutage nicht zuletzt durch Individualisierung erreicht: Der Trend zum Singlewohnen ist steigend; 2021 gab es in Deutschland 40,8% Ein-Personen-Haushalte. Die brauchen alle einen Herd, einen Kühlschrank, eine Waschmaschine etc. – oder auch nicht. Aber auch bei Mehrpersonen-Haushalten ist die Ausstattungsindividualisierung stark steigend. Wie viele Räume, Geräte und Ausstattungen halten Sie bereit, die höchst selten benutzt werden? Lassen sich diese nicht auch mit Nachbarn oder Freunden teilen? Das fängt bei der Bohrmaschine an und hört bei der Fortbewegung auf: Eine Fahrgemeinschaft mit nur einer weiteren Person reduziert den Energieverbrauch und die Kosten bereits um 50%!

Bewusstsein und Konsumverhalten: Man muss die Frage *Was brauche ich eigentlich?* nur durch das Wort *nicht* ergänzen. Das lässt sich trainieren, und man wird schnell feststellen, dass man einfacher Geld gar nicht sparen kann. Und wenn man etwas kauft, dann nur das sparsamste, langlebigste und reparaturfreundlichste Produkt. Das mag um einiges teurer sein, aber nur auf kurze Sicht, dauerhafte und nachhaltige Produkte zahlen sich langfristig aus. Man kann Suffizienz auch als entlastende und sportliche Herausforderung betrachten.

Phantasie: Beim Erfinden einer lustvollen Sparsamkeit trägt etwas Phantasie die mit Abstand besten Ideen bei. Kann man Phantasie lernen? Jeder Mensch kommt mit einer Grundausstattung an Phantasie auf die Welt, spätestens im Kindergarten entfaltet sich diese, danach ist es stark von den sozialen Rahmenbedingungen abhängig, ob und wie diese Fähigkeit zum Teil der eigenen Lebensstrategie wird oder aufgrund gesellschaftlicher *Realitäten* eher wieder verkümmert. Gerade beim Wohnen und der Mobilität gibt es unzählig viele Möglichkeiten, phantasievolle Lösungen umzusetzen. Oft wird der Mangel zum Antrieb, z.B. einen (zu) kleinen Wohnraum raffiniert und multifunktional zu gestalten oder mit wenig Energie auszukommen. Manchmal beflügelt auch sportlicher Ehrgeiz die Phantasie. Man kennt das Phänomen von Wandertouren: Man glaubt es erst, mit wie wenig man auskommt, wenn man alles selber tragen muss.

3 Energetische Zielsetzungen

Welche Ziele möchten Sie wann erreichen?

Nachdem Sie in Kapitel 1 Ihren aktuellen Energieverbrauch ermittelt und bewertet haben und inzwischen, nach dem Lesen von Kapitel 2, selbst zu der Überzeugung gelangt sind, dass Sie nicht nur Verursacher Ihres persönlichen Energieproblems sind, sondern gleichzeitig auch die wesentlichen Lösungen in der Hand haben, gilt es in der nächsten Phase, einen belastbaren Zielkatalog zu entwickeln. Wie sieht Ihr persönlicher Energieplan aus?

Die Hauptschwierigkeit, einen solchen Plan zu entwickeln, liegt in der ungewissen Zukunft unserer Energieversorgung. Wir wissen heute noch nicht genau, wie die Versorgung der Bevölkerung und der Wirtschaft mit Energie gestaltet werden kann: im nächsten Winter, in fünf, zehn und zwanzig Jahren. Wenn Sie noch unter vierzig Jahre alt sein sollten, können Sie vielleicht auch längere Zeiträume in Betracht ziehen.

Auch wenn die aktuellen Energiepreise neue Höchstwerte erreicht haben, ist deren weitere Entwicklung nicht voraussehbar. Sie können jedoch beruhigt davon ausgehen, dass sich die Preise in Zukunft wohl eher nach oben als nach unten bewegen werden, auch wenn die Erzeugerpreise für regenerativen Strom aus Wind und Sonne in den letzten Jahren deutlich gesunken sind.

Nie waren Photovoltaikanlagen so günstig wie 2021, der Kostenanstieg im Jahr 2022 und 2023 ist allein dadurch zu erklären, dass die Nachfrage z.Zt. wesentlich höher ist als das Angebot, aufgrund fehlender Handwerker und durch Lieferengpässe aus China. Aber im Gegensatz zur Beschaffung fossiler Energieträger lässt sich das Problem mittelfristig europaweit lösen, schließlich hat es in Deutschland Anfang der Jahrtausendwende bereits einmal eine weltweit führende Solarproduktion gegeben. Zur Zeit werden die Produktionskapazitäten in Deutschland, Spanien und Norwegen wieder ausgebaut, es wird intensiv an neuen Herstellungsverfahren gearbeitet, die nicht nur höhere Effizienz erhoffen lassen, sondern auch eine höhere Unabhängigkeit von chinesischen und koreanischen Zellproduktionen (Quelle: en:former, 7.7.2021).

Verlässliche Prognosen sind zur Zeit allerdings nicht möglich. Egal, ob Sie optimistisch oder pessimistisch an Ihren Plan gehen, Ihre nächste Heizkosten- und Stromabrechnung wird neue Höchstwerte ausweisen. Wenn Sie statt bisher z.B. 150 - 250 € pro Monat möglicherweise auf einmal 400 - 700 € zahlen müssen, könnte das den einen oder anderen Handlungs- und Investitionsbedarf provozieren.

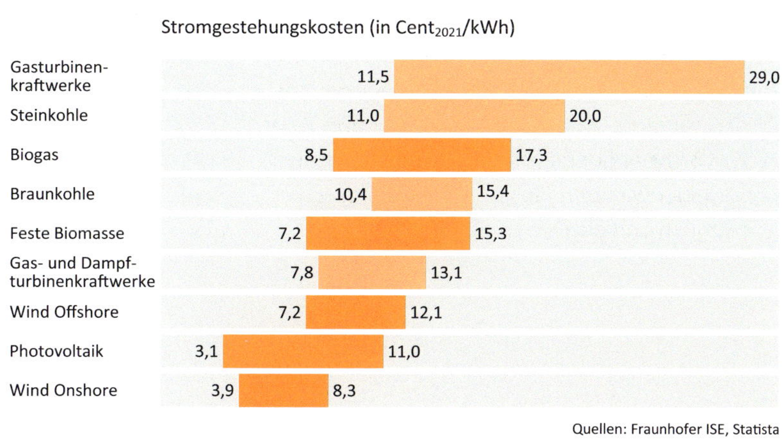

3.1 Stromgestehungskosten für erneuerbare Energien und konventionelle Kraftwerke an Standorten in Deutschland im Jahr 2021. Spezifische Anlagenkosten sind mit einem minimalen und einem maximalen Wert je Technologie berücksichtigt (Quelle: Fraunhofer ISE).

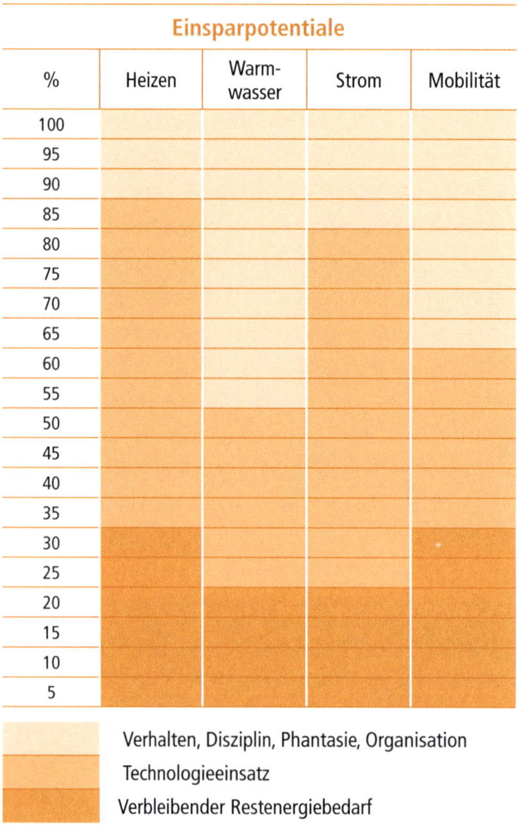

3.2
Vereinfachte Darstellung von Einsparpotentialen anhand aktueller Verbräuche. Basis: Heizen, Warmwasser, Haushaltstrom und Mobilität

Also: Wie könnte Ihr Plan aussehen? Welche Einsparpotentiale gibt es bei Ihnen? Haben Sie ein schlecht wärmegedämmtes Haus, verbrauchen viel Strom und fahren viel und obendrein auch noch ein großes Auto, dann ist das Einsparpotenzial hoch; bei ohnehin energiesparenden Haushalten ohne eigenes Auto liegt die Einsparquote entsprechend niedriger. Je nach individueller Ausgangssituation, d.h. je nach aktuellem Energieverbrauch, kann Ihr Sparpotential irgendwo zwischen 40 und 80% des bisherigen Verbrauches liegen.

Bei den Spielräumen für Einsparungen gibt es zwei Ebenen: Einerseits Verhalten, Selbstdisziplin, Organisation und Phantasie und andererseits der Einsatz energiesparender Technologien und regenerativer Energien. Tabelle 3.2 versucht die ungefähren Spielräume der beiden Ebenen zu quantifizieren. Beim Heizen sind die Verhaltensspielräume am kleinsten, beim Warmwasser und bei der Mobilität am größten.

Wenn Sie jetzt Ihre eigenen konkreten Verbrauchswerte in Kilowattstunden für Heizen, Strom und Benzin zur Hand nehmen und spezifische Energiepreise einsetzen, dann können Sie schon einen Zielkorridor für Ihr Sparziel erkennen: Dieser wird sich zwischen *in jedem Fall angebracht* und *würde ich gern erreichen* bewegen – also zwischen Minimalziel und sportlicher Einsparquote. Auch wenn Sie momentan noch nicht abschätzen können, was das kosten wird, kann schon der Gedanke hilfreich sein, das Heft des Handelns wieder in die Hand zu nehmen und sich darüber zu freuen, nicht erpressbar zu sein.

Grundsätzlich gilt: Die ersten 10 - 20% Einsparung erreichen Sie ohne jeden Kostenaufwand allein durch etwas Sorgfalt, Selbstdisziplin und bessere Organisation, weitere 10% lassen sich mit vergleichbar wenig technischem Aufwand erreichen. Diese Maßnahmen rechnen sich zwischen einer Heizperiode und maximal fünf Jahren. Höhere Einsparquoten von etwa 50% führen eher in 15 - 20 Jahren zu einer ausgeglichenen Kosten-Nutzen-Bilanz, bei noch höheren Einsparquoten sind monetäre Amortisationszeiten von 30 - 40 Jahren realistisch.

Können oder wollen Sie so lange Zeiträume übersehen? Leben Sie noch so lange? Interessiert es Sie wirklich, was nach Ihrem Tod mit Ihrem Haus passiert?

Zeitplanung

Wenn Sie die Bandbreite möglicher Einsparziele ungefähr umrissen haben, stellen Sie – z.B. in einer Excel-Tabelle – einen Zeitplan auf, in den alle für Sie in Betracht kommenden Maßnahmen (Kap. 4, 6 und 7) eingetragen werden.

Dies verlangt etwas Fingerspitzengefühl. Wenn Sie den Zeitplan zu eng fassen, werden Sie möglicherweise Ihren Zielen schnell hinterher hängen, was zu Motivationsverlust führt. Fassen Sie ihn zu großzügig, d.h. lassen Sie sich zu viel Zeit, könnte Ihr Plan schnell sehr unverbindlich werden oder das Gegenteil erreichen: Sie verwirklichen Ihre Ziele schneller als geplant. Sie kennen sich wahrscheinlich gut genug, um zu wissen, in welche Fallen Sie regelmäßig tappen, welche Art von Druck Sie anspornt und ab wann dieser Sie lähmt.

Ihr Plan könnte drei verschiedene Kategorien beinhalten:

- technische Sofortmaßnahmen, die mit geringem Investitionsaufwand umzusetzen sind (beschrieben in Kap.4),
- einen Motivations- und Trainingsplan für Verhaltensänderungen (beschrieben in Kap. 2) und
- hochinvestive und strukturell verbessernde Maßnahmen (beschrieben in Kap. 6 und 7).

Überlegen Sie realistisch, in welchem Zeitraum Sie Ihr persönliches Energiekonzept umsetzen wollen Suchen Sie Unterstützung bei jemandem, dem Sie vertrauen, der Sie motiviert und in die Verbindlichkeit bringt.

Mal unterstellt, dass Ihre Einsicht nicht unbedingt Ihr erstes und innerstes Anliegen ist, sondern die aktuellen Umstände Sie zur Reaktion zwingen, kann man nicht erwarten, dass Sie sich mit Begeisterung an diese Arbeit machen. Andererseits müssen Sie etwas tun, es bleibt Ihnen ja nichts anderes übrig. Oder wollen Sie lieber in Selbstmitleid versinken?

Vergleichen Sie Ihre Situation eher mit einer Krankheit, die Sie ja auch nicht herbeigewünscht haben und von der Sie auf dem falschen Fuß erwischt wurden: In der Regel therapieren Sie sich nicht selbst, sondern suchen den Arzt Ihres Vertrauens auf, der mit Ihnen einen Therapieplan erstellt, diesen regelmäßig kontrolliert und solange steuert, bis sich im günstigen Fall Heilung eingestellt hat. Manchmal bleibt danach ein Handicap, mit dem man entweder zu leben lernt oder auch nicht.

Überlegen Sie realistisch, in welchem Zeitraum Sie Ihr Energiekonzept umsetzen wollen. Suchen Sie Unterstützung von jemandem, dem Sie vertrauen, der Sie motiviert und in die Verbindlichkeit bringt.

3.3
Beispielrechnungen monatlicher Belastungen eines Annuitätendarlehens bei unterschiedlichen Zinssätzen und Tilgungszeiten.

Finanzplanung

Alle im folgenden Kap. 4 genannten technischen Sofortmaßnahmen lassen sich in den allermeisten Fällen aus dem laufenden Etat bestreiten, je nach Umfang sind das vielleicht 500 - 2.000 €.

Größere Investitionen müssen oftmals fremdfinanziert oder aus Ihren Rücklagen bestritten werden, die Sie eigentlich fürs Alter vorgesehen hatten. Wenn Sie die 60 überschritten haben, werden Sie die vollständige Refinanzierung dieser Investition in Ihre Immobilie womöglich nicht mehr erleben. Auch das sollte man ehrlicherweise bedenken.

Für eine grobe Finanzplanung brauchen Sie erstmal keinen Finanzberater, sondern nur Ihren gesunden Menschenverstand und eine pragmatische Herangehensweise – rechnen können Sie doch eigentlich selber. Um ein Gefühl für die monatlichen Belastungen zu bekommen können Sie der Tab. 3.3 entnehmen, welche monatlichen Belastungen in Abhängigkeit von Zinssatz und Tilgungszeitraum auf Sie zukommen, bzw. welche monatlichen Zinszahlungen zu leisten sind, wenn Sie die zu finanzierende Investition komplett auf Ihre Kinder übertragen. Sofern auf Ihrer Immobilie keine Belastungen mehr bestehen, dürfte es bankseitig kein Problem darstellen, die Tilgung Ihren Erben zu überlassen, da in den allermeisten Fällen der Wert Ihres unsanierten Altbaus höher sein dürfte als die zu erwartende Investitionssumme.

Finanzierungsbeispiele für 100.000 €

Zinsatz (%)	Tilgung (a)	Kosten/Monat (€)
2	10	926
3	10	967
4	10	1.017
2	20	507
3	20	555
4	20	608
2	30	370
3	30	422
4	30	478
2	ohne	167
3	ohne	250
4	ohne	333

Einen ungefähren Rahmen für die Kosten der einzelnen Maßnahmen finden Sie in den Kapiteln 6 und 7. In der Praxis ist es oft jedoch sinnvoll, jemanden zu fragen, der die Kosten für Ihre Maßnahmen individuell kalkulieren kann. Damit sind Sie in der Lage, die Kostenkontrolle für Ihre Maßnahmenpakete selbst zu managen.

- Gehen Sie defensiv, d.h. mit möglichst realistischen Kostenansätzen, an Ihre Finanzplanung.
- Stellen Sie schnellstmöglich ein Kostengerüst auf.
- Aktualisieren Sie dieses Gerüst regelmäßig im Laufe des Planungsprozesses und
- denken Sie an die Nebenkosten (Architekt, Energieberater, Gebühren etc.) und rechnen Sie diese stets mit ein.

Wenn Sie ungefähr abschätzen können, wie hoch Ihre zukünftige Einsparquote bezogen auf die Summe aller Energieausgaben (Gas, Strom, Benzin) zu beziffern ist, dann ist der erste Schritt zum Finanzierungsplan relativ einfach. Sie listen das Einsparpotenzial auf, hinterlegen die Einsparung mit den entsprechenden kWh-Preisen und rechnen diese auf 20 Jahre hoch. Je nachdem, mit welcher Energiepreissteigerung Sie rechnen, kommen Sie auf den Betrag, den Sie ohnehin ausgeben müssten, auch wenn Sie keine Energiesparmaßnahmen umsetzen würden.

Denken Sie langfristig! Der Tabelle 3.4 können Sie die potentiellen Energiekosten entnehmen, die Sie mit etwas sportlichem Ehrgeiz einsparen können. Diese Summe wird nicht ausreichen, um Ihr Gebäude komplett energetisch zu optimieren, aber immerhin könnte so Ihr Basiskapital aussehen, da Sie diese Summe ohnehin ausgeben müssen, auch wenn Sie sich in der augenblicklichen Schockstarre einrichten.

Wenn Sie Ihr Gebäude energetisch sanieren wollen, dann richtig! Halbherzige Sanierungen sind langfristig herausgeworfenes Geld – zumal die Dicke der Dämmschicht bezogen auf die Gesamtkosten (Rückbau und Neuaufbau der gesamten Konstruktion) nur einen Bruchteil ausmacht. Nimmt man das Rechenbeispiel in Tab. 3.4 und strebt eine energetische Verbesserung auf etwa 30% der bisherigen Verbrauchswerte an, wird man je nach zu erwartender Preissteigerung etwa 150.000 - 200.000 € als Basisinvestition zur Verfügung haben. Diese könnte u.U. aber nicht ausreichen, um alle Maßnahmen zu finanzieren.

Wenn Sie dann überlegen, Ihre Wohnfläche zu reduzieren und eine Einliegerwohnung abzutrennen, kann sich das in den allermeisten Fällen wirtschaftlich zu Ihren Gunsten auswirken:

- Sie halten nur soviel Wohnraum vor wie notwendig und müssen weniger heizen und putzen.
- Sie schaffen neuen Wohnraum, Ihre Mieter können Sie sich heutzutage aussuchen.
- Sie finanzieren die Umbaumaßnahmen über die zu erwartenden Mieteinnahmen.
- Sie können die Mietwohnung steuerlich geltend machen.
- Sie bekommen die doppelte Fördersumme für die zweite Wohneinheit.

Von dem eingesparten Geld können Sie Ihren Besuch in Zukunft sehr entspannt im nächsten Hotel unterbringen.

Verfügbare Investitionssummen bei 70% Einsparquote über 20 Jahre / verschiedene Preissteigerungen

		Ist-Zustand kWh/a	Einsparziel	Einsparung kWh/a	Preis/kWh €/kWh	€/20 Jahre 2% Preisst.	€/20 Jahre 3% Preisst.	€/20 Jahre 5% Preisst.
Gas	unsanierter Altbau	30.000	70%	21.000	0,15	74.970	80.955	92.925
Strom	normale Ausstattung	4.500	70%	3.150	0,40	29.988	32.382	34.776
Benzin	15000 km, 7 Liter/100 km	10.500	70%	7.350	0,20	34.986	37.779	40.572
Verfügbare Investitionssumme in 20 Jahren						139.944 €	151.116 €	168.273 €

3.4: Größenordnung von Einsparungen und die daraus verfügbaren Investitionssummen.

4 Einfache technische und organisatorische Sofortmaßnahmen

Im folgenden Kapitel werden zahlreiche Maßnahmen zur Reduzierung des alltäglichen Energieverbrauches beschrieben, durch die bei konsequenter Umsetzung in der Summe tatsächlich bis zu ein Drittel der jährlichen Energiemenge eines Haushaltes eingespart werden kann, ohne dass größere Investitionen vorgenommen werden. Jede einzelne Maßnahme hat auf Ihren jährlichen Energieverbrauch einen Einfluss von wenigen Promille bis einigen Prozent, der je nach Ausgangssituation (z.B. dem Energiestandard der vorhandenen Haushaltsgeräte) und dem Nutzerverhalten auch noch sehr unterschiedlich ausfallen kann. Diejenigen, die ohnehin schon sehr energiesparsam sind, werden weniger einsparen können als diejenigen, die bisher ein wenig nachlässig und großzügig mit Energie umgegangen sind.

Alle Maßnahmen sind in ihrer energetischen Relevanz quantifiziert. Um die individuelle Einsparquote zu ermitteln, ist es dringend erforderlich, die private Energiebilanzierung, wie im Kapitel 1 beschrieben, sorgfältig durchzuführen.

4.1 Heizen und Lüften

Technische Maßnahmen

Es gehört zu den Binsenweisheiten, dass eine Heizung regelmäßig zu reinigen und zu warten ist, um eine optimale Verbrennung zu gewährleisten. Im Rahmen dieser Wartung kann auch die sogenannte Heizkurve neu justiert werden. Eine Heizkurve kann sowohl in ihrer Neigung (notwendige Vorlauftemperatur bei -15°C draußen) als auch hinsichtlich des Heizbeginns und –endes parallel verschoben werden. Je nach Dämmung des Gebäudes und der inneren Wärmequellen (Abwärme von Menschen und Geräten) springt die Heizung im ungünstigen Fall bei 15°C Außentemperatur an, bei gut gedämmten Gebäuden eher bei 11°C. Nach jeder wärmedämmenden Verbesserung der Außenhülle (= Reduzierung der notwendigen Heizleistung) sollte die Heizkurve nachjustiert werden. Das Ziel ist, die Heizkurve möglichst flach zu halten und den Startpunkt so zu setzen, dass die Heizung nicht früher anspringt als unbedingt notwendig. Das Feinjustieren je nach individueller Befindlichkeit kann nach Einlesen in die Bedienungsanleitung auch von Laien ausgeführt werden.

Der Wasserdruck, den Sie an dem Manometer neben Ihrer Heizung ablesen können, sollte mindestens einmal jährlich überprüft werden (ca. 1,5 - 1,8 bar), da bei zu geringem Druck die Heizkörper im Obergeschoss nicht richtig warm werden. Auch das Entlüften der Heizkörper ist in der Regel zu Beginn der Heizperiode sinnvoll, damit die Heizkörper ihre maximale Leistung erreichen. In der Summe ergibt sich ein Optimierungspotenzial von 1 - 3%.

Überprüfen Sie einmal in Ihrem Heizungsraum die dort verlaufenden Rohre: Sind diese vernünftig gedämmt? Wenn nicht, wird der Heizraum unnötig warm. Ein ungedämmtes Rohr kann durchaus jährliche Wärmeverluste von bis zu 50 kWh/lfm verursachen. Vorkonfektionierte Dämmschalen gibt es für die gängigen Rohrdurchmesser in jedem Baumarkt, die Investition rechnet sich noch in der 1. Heizperiode.

Hydraulischer Abgleich

Aufgrund zahlreicher Einflussfaktoren wie unterschiedliche Rohrlängen und –querschnitte, verschiedene Reibungswiderstände in Heizkörpern und Ventilen etc. ist es zwingend notwendig, bei (Wieder-)Inbetriebnahme der Heizung einen hydraulischen Abgleich durchzuführen. Ziel dieses Einstellungsverfahren ist es:

- eine gleichmäßige Wärmeverteilung in den einzelnen Räumen zu erzielen,
- für gleichmäßige Aufheizzeiten zu sorgen,
- das Regelverhalten der Thermostatventile zu optimieren,
- Laufgeräusche im Rohrsystem zu vermeiden,
- zu hohe oder zu niedrige Rücklauftemperaturen zu korrigieren
- und einen optimierten Energieverbrauch sicherzustellen.

Mit der Durchführung sollte unbedingt ein Fachhandwerker beauftragt werden, der diese Arbeit bescheinigt und die vollzogenen Einstellungen dokumentiert (VdZ-Nachweisformular). Bei einigen alten Heizsystemen kann ein ordentlicher hydraulischer Abgleich im gegebenen Rohrnetz evtl. nicht durchgeführt werden.

Die Kosten für den hydraulischen Abgleich betragen je nach Gebäudegröße ab ca. 300 €, wobei Energieeinsparungen von bis zu 10% (in der Regel aber eher 3 - 5%, je nach Heizungsanlage) möglich sind und obendrein einen besseren Wohnkomfort bringen. Darüber hinaus ist der Nachweis des hydraulischen Abgleichs Voraussetzung für die Auszahlung von Fördermitteln für die Heizungssanierung (z.B. KfW, BAFA etc.).

Elektronische Umwälzpumpen

Bis vor einigen Jahren wurden ausschließlich Pumpen mit handbetriebenen Mehrstufenschaltern eingebaut, die man im Winter (nach Gefühl) einfach ein- oder zwei Stufen höher schaltete, um die Wärmeleistung zu erhöhen. Auch wenn man die alte Heizung beibehält, so sollte man solche Pumpen in jedem Fall gegen elektronisch druckgeregelte Pumpen austauschen. Diese halten den Förderdruck konstant, unabhängig davon, wie viele Heizkörperventile offen oder geschlossen sind. Somit laufen sie nur mit der jeweils notwendigen Minimaldrehzahl, wodurch bis zu 80% Strom eingespart wird. Die Kosten incl. Einbau liegen bei ca. 250 - 350 € und machen sich innerhalb von fünf Jahren bezahlt.

Heizdauer

Müssen Wohnräume 24 Stunden/Tag geheizt werden? In den meisten Fällen nicht – weil niemand zuhause ist oder die Nutzung auf das Schlafen reduziert wird. Die meisten Heizungen verfügen über eine Nachtabsenkung, die in der Regel zwischen 22

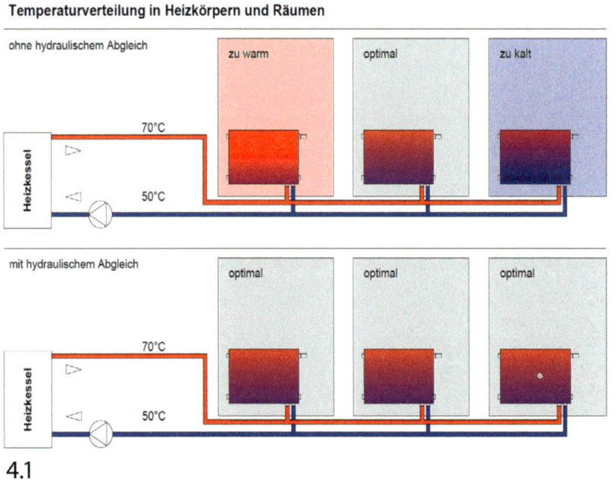

4.1
Wärmeverteilung in Heizkörpern (oben) vor und (unten) nach einem hydraulischen Abgleich (Quelle: [1]).

4.2
Elektronisch geregelte Heizungspumpe. Die neuen Modelle verfügen auch über wärmegedämmte Pumpengehäuse (Quelle: Grundfos).

und 6 Uhr aktiviert ist. Aber wie lang ist die Aufenthaltsdauer tatsächlich, in der eine Behaglichkeitstemperatur erreicht werden muss. Erfassen und dokumentieren Sie die tatsächliche Anwesenheit, so kommt man häufig zum Ergebnis, dass die Aufenthaltsdauer tatsächlich nur wenige Stunden beträgt.

Wechseln Sie in solchen Fällen Ihre konventionellen Heizkörperventile gegen programmierbare Heizkörperthermostaten aus, mit denen Sie Zeitraum und Raumtemperatur individuell anpassen können. Die Thermostaten sind ohne Spezialwerkzeug zu montieren, ohne das Wasser abzulassen und ohne Eingriff in das Heizungssystem. Für jeden Wochentag können separat mehrere Heizphasen und Schaltzeitpunkte eingestellt werden. Es gibt auch bluetoothfähige Geräte, diese sind dann sogar über das Smartphone von unterwegs steuerbar. (vgl.: https://www.test.de/Heizkoerperthermostat-Test-5115581-0/)

Bei der Einstellung der Heizzeiten ist die Aufwärmphase des Raumes zu berücksichtigen.
Was muss man dazu wissen:

- Grundsätzlich haben massive, schlecht wärmegedämmte Altbauten eine sehr lange Aufheizphase, da diese aufgrund des hohen Wärmeverlustes auch stärker auskühlen.
- Gut gedämmte Altbauten kühlen weniger und langsamer aus.
- Sehr gut gedämmte leichte Holzbauten haben eine sehr kurze Aufheizphase, da nur wenig Masse aufgeheizt werden muss.

Da die meisten Thermostaten minutengenau und im 0,5°C Schritten programmiert werden können, erreicht man das persönliche Optimum durch mehrmaliges Ausprobieren von Absenktemperatur und Vorlaufzeit. Das Einsparpotenzial programmierbarer Heizkörperventile liegt in Abhängigkeit von der Länge der bisherigen Heizzeiten etwa im Bereich zwischen 5 und 15%, die Amortisationszeit liegt in jedem Fall innerhalb der ersten Heizperiode.

Raumtemperatur

Die Frage nach den notwendigen Raumtemperaturen hängt sowohl von äußeren Rahmenbedingungen wie der Dämmung der raumbildenden Außenbauteile (Wände Dach, Fenster, Fußboden), der Luftfeuchtigkeit und den Zugerscheinungen ab, aber auch vom individuellen Behaglichkeitsempfinden ab, das durch Alter, Geschlecht, physische und psychische Gesundheit, Aktivität und Kleidung des Menschen bestimmt wird.

Es gibt allerdings einen Behaglichkeitskorridor, in dem die Mehrheit der Raumnutzer sich wohl fühlt. Dieser liegt etwa bei einer Raumlufttemperatur von 18°C bis 24°C und einer relativen Luftfeuchte zwischen 35% bis 75%.

Gemäß Urteil des Landgerichtes Berlin (LG Berlin, 26.05.1998, Az.: 64 S 266/97) muss eine Heizung in einer Mietwohnung während der Heizperiode folgende Temperaturen erreichen:

- **Wohnräume: 20°C**
- **Bad, Toilette: 21°C**

In der Zeit zwischen 23:00 und 6:00 Uhr sind dann generell 18°C ausreichend.

Die Heizperiode bestimmte das Gericht auf die Zeit vom 1. Oktober bis zum 30. April. Für diesen Zeitraum müssen Vermieter also sicherstellen, dass die Heizungen in den Wohnungen diese Temperaturen erreichen. Es bleibt natürlich jedem Mieter und selbstnutzenden Hauseigentümer freigestellt, diese Werte zu unterschreiten.

4.3
Elektronisches Heizkörperventil mit individueller Zeit- und Temperaturprogrammierung.

Grundsätzlich gilt folgender Faustwert:

- **1°C Absenkung der Raumtemperatur = 6% Energieeinsparung**

Bei einer Wohnung mit einem jährlichen Heizwärmeverbrauch von 10.000 kWh Gas und einem Preis von 0,15 €/kWh sind das je 6% Einsparung bereits 90 €/a, bei einem Einfamilienhaus mittleren Standards etwa das Doppelte. Man muss selber entscheiden, ob man für den Preis abends nicht mal einen Pullover anzieht.

Eine gute Dämmung des Gebäudes ermöglicht bei gleicher Behaglichkeit eine Absenkung der Raumtemperatur um bis zu vier Grad gegenüber einem ungedämmten Altbau (siehe Abb. 4.4).

Das Absenken der Raumtemperatur ist insbesondere bei schlecht wärmegedämmten Altbauten nicht risikolos. Insbesondere die noch kälteren Raumecken können in Verbindung mit hoher Luftfeuchtigkeit grundsätzlich zu Schimmelbildung führen, wenn die Luftfeuchtigkeit bereits an den kalten Oberflächen kondensiert. Durch die Anschaffung eines Hygrometers (gibt es in jedem Baumarkt) lässt sich die Luftfeuchte kontrollieren und evtl. durch gezieltes Lüften gegensteuern (siehe auch Kap. 4.15)

Temporäre Substitution: Heizlüfter

Grundsätzlich stellt ein elektrischer Heizlüfter keine Alternative zur konventionellen Heizung (Gas/Öl etc.) dar, weder hinsichtlich der Effizienz noch bezogen auf die Stromkosten. Trotzdem kann es durchaus sinnvoll sein, einen kleinen Heizlüfter mit einer Leistung von 1.500 - 2.000 W vorzuhalten, um diesen temporär einzusetzen: in Übergangszeiten, wenn man nur in einem Raum kurzfristig eine höhere Temperatur benötigt, wie z.B. morgens im Bad, oder wenn Räume normalerweise kalt bleiben und nur stundenweise benutzt werden.

Rechenbeispiel:

Stromverbrauch eines 1.200 W Heizlüfters

- 15 Minuten täglich Anwärmen des Badezimmers
- Strompreis: 0,40 €/kWh
- 1,2 kW x 0,25 h x 0,40 €/kWh = 0,12 € pro Tag

Wenn man in den Übergangszeiten vielleicht an 60 Tagen den Heizlüfter benutzt, so fallen ca. 7,20 € jährlich an Stromkosten an.

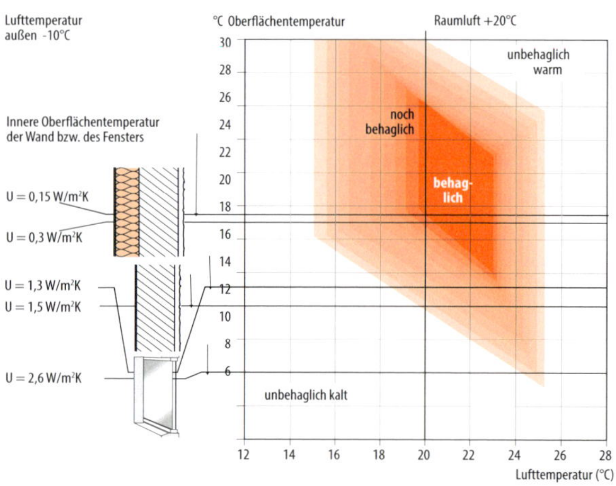

4.4
Der Einfluss von Wandoberflächen- und Raumtemperatur auf die thermische Behaglichkeit: Eingezeichnet sind zum Vergleich die Oberflächentemperaturen auf der Innenseite zweier Außenwandkonstruktionen sowie eines alten, zweifach verglasten Fensters an einem kalten Wintertag (Quelle: [1]).

4.5
Kerzenschein erzeugt auch eine Heizleistung von ca. 30 - 40 W/Kerze. Diese höchstens ergänzende Wärmequelle macht aber nur Sinn, wenn man ohnehin einen Hang zur Gemütlichkeit hat.
Vorsicht: Allzuviel Kerzenruß in Verbindung mit weichmacherhaltigen Wandfarben kann zum sogenannte Fogging führen, einem dunklen Belag auf Wänden und Decken, der eine Renovierung oder einen Neuanstrich erfordert.

Lüften

Richtiges Lüften ist ein heikles Thema, zu dem es eine Vielzahl von Meinungen und Verordnungen gibt, die nicht unbedingt zusammenpassen, weil sie von sehr unterschiedlichen Voraussetzungen ausgehen:

- Die EN 13779 beschreibt die akzeptablen CO_2-Maximalwerte der Luft.
- DIN/EN 1946 Teil 6 beschreibt den Mindestluftwechsel einer Wohnung vor allem unter dem Aspekt des Feuchteschutzes und der Schimmelvermeidung.
- Das GebäudeEnergieGesetz (GEG) legt den Luftwechsel bilanziell fest.
- Die Lüftungsanlagenhersteller versprechen teilweise abenteuerliche Wärmerückgewinnungsraten.
- Je nach Nutzergruppe gibt es z.T. sehr unterschiedliche Lüftungsgewohnheiten.

Mit ein paar Grundkenntnissen, Eigenverantwortlichkeit und gesundem Menschenverstand lässt sich auch ohne aufwändige Technik (siehe Kap. 7.2) ein allen Hygienebedürfnissen angemessenes, energiesparendes Lüften erreichen.

Die Innenluft muss regelmäßig getauscht werden. Aber wie erreicht man das mit einer konventionellen Fensterlüftung, ohne mehr Energie zu verschwenden als notwendig?

In sehr vielen Empfehlungen (z.B. Umweltbundesamt u.a.) heißt es: Mehrmals am Tag 5 - 10 Minuten querlüften! Das ist ein gut gemeinter Rat, mit dem man aber in Einzelfall nicht viel anfangen kann. Der Luftwechsel beim Öffnen gegenüberliegender Fenster ist stark abhängig von Windgeschwindigkeit und -richtung, Luftfeuchte, Temperaturdifferenz zwischen innen und außen, sowie der Größe der Fenster- und Türöffnungen. Ein kompletter Luftaustausch kann bei Wind in weniger als einer Minute erfolgen, sich aber auch über die 10-fache Zeit hinziehen. Hilfreich ist ein Messgerät (siehe Abb. 4.7), welches die zwei wesentlichen Parameter anzeigt, die den notwendigen Luftwechsel beeinflussen: die CO_2-Konzentration und die Luftfeuchte.

Der Mensch atmet pro Tag durchschnittlich 1 kg CO_2 aus (0,5 - 5 kg/d je nach Aktivität), somit kommt es in geschlossenen Räumen zu einer erhöhten Konzentration, die durch regelmäßiges Lüften ausgeglichen wird. Die Außenluft hat in der Regel eine CO_2-Konzentration von 400 - 420 ppm, für die In-

4.6
Mythos Kippfenster. Das Kippen des Fensterflügels ist zum Lüften ungeeignet. Die Luft kühlt in Fensternähe zwar relativ schnell ab und vermittelt dadurch ein Gefühl von Frische, aber ein wirksamer Luftwechsel im ganzen Raum findet nicht statt.

4.7
Kombiniertes Temperatur-, Feuchte- und CO_2-Messgerät. Die Kosten für ein solches Gerät schwanken je nach Messprinzip und Genauigkeit. Da die CO_2-Messung relativ energieintensiv ist, reicht eine Akkuladung oftmals nur für einige Stunden. Manche Geräte sind deshalb mit einem Netzteil ausgestattet.

nenraumkonzentration sind in der EN 13779 entsprechende Qualitätsstufen definiert (siehe Tab. 4.8), bei Werten unter 1.000 ppm (der sogenannten *Pettenkofergrenze*) ist eine vernünftige Raumluftqualität gewährleistet. Der tatsächliche Anstieg hängt von mehreren individuellen Faktoren ab:

- Raumgröße,
- Anzahl und Aktivität der Personen/Haustiere,
- Zeitdauer der Nutzung,
- Art der Belüftung.

Darüber hinaus steigt der CO_2-Pegel durch Rauchen, Kerzen und andere offene Flammen sowie durch Gärprozesse z.B. von Lebensmitteln etc. Diese Einflüsse lassen sich quantitativ schwer fassen und erlauben daher keine pauschalen Lüftungsempfehlungen. Eintretende Müdigkeit, mangelnde Konzentration, Kopfschmerzen und subjektives Empfinden von schlechter Luft mögen Anlass zum Lüften bieten, besser ist jedoch die Anschaffung eines kombinierten CO_2- und Feuchtigkeitsmessgerät, um die Luftqualität zu regulieren (ab 800 - 1.000 ppm lüften).

Die **Regulierung der Luftfeuchtigkeit** ist die zweite wesentliche Herausforderung beim richtigen Lüften. Als ideale Luftfeuchte gilt allgemein ein Bereich von 40 - 60% relativer Luftfeuchte.

In Abhängigkeit von Gewicht, Temperatur und körperlicher Betätigung gibt ein Mensch durch Ausatmen und Schwitzen etwa 40 - 300 g Wasser je Stunde an die Umgebungsluft ab. Auch Kochen (bis 200 g/h) und Wäschetrocken (bis 400 g/h) lassen die Luftfeuchtigkeit stark ansteigen.

Ein Beispiel: Die Luft in einem Raum mit einem Luftvolumen von 50 m³ (Grundfläche 4x5 m, Höhe 2,5 m) speichert bei einer Temperatur von 20°C und 50% rel. Luftfeuchte eine Wassermenge von 435 g. Halten sich drei Personen mit geringer Aktivität dort auf (3x 60 g/h.) würde, vorausgesetzt es findet kein Luftwechsel statt, die Luftfeuchte nach einer Stunde bereits 72% und nach zwei Stunden 92% betragen.

Durch Lüften wird auch dafür gesorgt, dass nicht nur ein Feuchtigkeits- und CO_2-Austausch stattfindet, sondern dass auch Schwebstaub, Schadstoffe aus Möbeln und Oberflächen (z.B. Weichmacher aus PVC-Belägen) aus der Wohnung abgeführt werden.

Zuwenig zu lüften kann unangenehme Folgen haben. Gerade bei schlecht gedämmten Altbauten sind die Oberflächentemperaturen im Bereich der Außenecken von Räumen, geometrisch bedingt, noch niedriger als in der Fläche. Die Luft kühlt sich in dem Bereich so stark ab, dass bereits ein Kondensatausfall stattfindet. Die Raumecke wird an der Oberfläche feucht und die Gefahr der Schimmelbildung an diesen Stellen ist hoch. Ist eine solche Ecke noch durch Möbel zugestellt, findet auch keine natürliche Konvektion statt, welche die Feuchtigkeit abführen könnte. Die Schimmelbildung wird begünstigt und ist oft erst zu erkennen, wenn man die Möbel wegrückt. Besonders gefährdet sind weniger geheizten Räume wie z.B. Schlafzimmer.

Andererseits führt übermäßiges Lüften (das kann auch unkontrolliert erfolgen z.B. durch undichte Fugen an den Fenstern) im Winter zu höheren Wärmeverlusten.

Fazit: Energieeffizientes Lüften ohne Lüftungsanlage kann nur mit der direkten Kontrolle von CO_2-Gehalt und Luftfeuchte erfolgen.

Grenzwerte für CO_2-Konzentrationen in Innenräumen

CO_2 (ppm)	CO_2 (%)	Qualitätsstufe
Unter 800	< 0,08%	Hohe Raumluftqualität
800 - 1.000	0,08 - 0,1%	Mittlere Raumluftqualität
1.000 - 1.400	0,1 - 0,14%	Mäßige Raumluftqualität
Über 1.400	> 0,14%	Niedrige Raumluftqualität

4.8
Die Europäische Norm EN 13779 bewertet die Konzentration von CO_2 in Innenräumen in vier Qualitätsstufen. Ab 2.000 ppm gilt die Raumluftqualität als hygienisch inakzeptabel.

4.2 Warmwasser

Wassermenge/Nutzungsdauer

Der durchschnittliche Wasserverbrauch liegt in Deutschland zur Zeit bei ca. 127 Liter pro Person und Tag (l/Pers.·d), davon knapp ein Drittel als Warmwasser. Diese Zahlen sind ein statistischer Anhaltswert, individuell kann der Warmwasser-Anteil sowohl halb so hoch als auch doppelt so hoch ausfallen, je nach Nutzergewohnheiten.

Wenn Sie Ihre absolute Warmwassermenge ermittelt haben (Kap. 1.3), können Sie diese ggf. auch noch nach Zapfstellen und Nutzungsgewohnheiten differenzieren.

Wenn Sie jemanden fragen: Was *kostet ein Liter warmes Wasser?* werden Sie die abenteuerlichsten Antworten bekommen. Ein Liter: Was wird der kosten? Keine Ahnung! Sie wissen, was 1 Liter Milch kostet, 1 Liter Bier, 1 Liter Diesel. Wenn Sie nun der Tabelle 4.10 den Preis für ein Liter warmes Wasser entnehmen, werden Sie erstaunt sein und zum Ergebnis kommen: Kaum der Rede wert! Allerdings brauchen Sie nicht einen Liter am Tag, wie bei Milch, Bier oder Diesel, sondern im Bundesdurchschnitt gut 40 Liter/Tag.

Ein Drittel der Kosten entfallen dabei auf die Bereitstellung des Trinkwassers und Beseitigung des Abwassers. Bei einem jährlichen Verbrauch von 15 m^3/Person führt das in einem 3-Personen-Haushalt zu jährlichen Kosten von gut 500 €.

Die Einsparmöglichkeiten liegen je nach Komfortanspruch und Nutzungsdisziplin ohne ernsthafte hygienische Einbußen im Bereich von 50% und mehr (vgl. Tab. 4.9).

Was kostet 1 Liter warmes Wasser?	
Spezifische Wärme von Wasser:	1,163W/K
Systemverluste: Erzeugung, Verteilung, Speicherung	ca. 25%
Nutztemperatur: 40°C bei 10°C Kaltwassertemperatur	$\Delta t = 30K$
Kosten Erdgas, Stand 02/2023	15 ct/kWh
Kosten Trinkwasser	0,22 ct/Liter
Kosten Abwasser	0,25 ct/Liter
Kosten gesamt (1,163*1,25*30*15/1000)+(0,22+0,25)	**1,12 ct/l**

Durchflussmenge

Nur den wenigsten Menschen ist bewusst ist, dass bei vielen Wassernutzungen ein Großteil der Wassermenge ungenutzt vorbeifließt. Man muss sich nur einmal vor Augen halten, mit wie wenig Wasser Menschen in anderen Kontinenten auskommen, insbesondere dort, wo das Trinkwasser nicht unbegrenzt aus der Leitung kommt. Deshalb: Achten Sie einmal darauf, wie viel Wasser bei Ihren täglichen Anwendungen ungenutzt vorbeifließt.

Bei Waschtischen und Küchenarmaturen lassen sich manchmal Durchflussbegrenzer (sog. Perlato-

Täglicher Warmwasserbedarf in Küche und Bad		
Warmwasserbedarf	l/d und Pers.	l/d und Pers.
nach VDI 2067	60°C (Küche)	45°C (Bad)
Niedriger Bedarf	10 - 20	15 - 30
mittlerer Bedarf	20 - 40	30 - 60
Hoher Bedarf	40 - 80	60 - 120

Durchschnittlicher tägl. Warmwasserverbrauch		
Bedarfsfall	Wasserbedarf in l	Nutztemperatur
Kaffee/Tee (8 Tassen)	1	100°C
Eimer Putzwasser	10	35 - 40°C
Händewaschen	2 - 4	38°C
Duschbad	30 - 60	38°C
Vollbad	140 - 180	38°C
Waschmaschine		
Modelle bis 2010	80 -100	30 - 90°C
Sparmodelle 2022	40 - 45	30 - 90°C
Geschirrspülen (Hand)	8 - 15	45°C
Geschirrspüler		
Modelle bis 2010	25 - 40	40 - 60°C
Sparmodelle 2022	8 - 12	40 - 60°C

4.9
Wasserverbrauch im Haushalt nach Anwendungen (Quelle: [1]).

4.10
Kosten von 1 Liter warmen Wasser einschl. der Kosten für die Bereitstellung des Trinkwassers und des Abwassers.

ren) einbauen. Man kann auch unter den Waschtischen an den Eckventilen der Warm- und Kaltwasserzuflüsse die Durchflussmenge reduzieren. Darüber hinaus hilft: Wasser nicht unnötig laufen lassen! Hier liegt das Einsparpotential bei 30 - 60% (vgl. www.verbraucherzentrale.de/duschrechner).

Temperatur

Lange warm zu duschen ist ein Vergnügen, gerade im Winter. Die optimale Temperatur liegt im Bereich von 37 bis 40°C am Duschkopf. Allerdings ist die Temperatur im Rohrleitungssystem entscheidend für den Energieverbrauch. Es macht keinen Sinn, erst hohe Temperaturen zu erzeugen und diese mit der Armatur wieder herunter zu regeln. Am elektrischen Durchlauferhitzer oder an der Gastherme lässt sich die Vorlauftemperatur stufenlos regeln. Zu berücksichtigen ist allerdings die Gefahr von Legionellen, die insbesondere bei alten Menschen lebensgefährliche Auswirkungen (atypische Lungenentzündung) haben kann. Ein periodisches Aufheizen und Spülen des Wassersystems mit einer Wassertemperatur ≥ 60°C ist anzuraten, aber bei kleineren Anlagen in Ein- und Zweifamilienhausern nicht gesetzlich vorgeschrieben.

Duschkopf wechseln

Heutige Sparduschköpfe mischen dem Wasserstrahl ohne Komfortverlust Luft zu und liefern eine Durchflussmenge von etwa 5 - 6 Litern pro Minute. Viele ältere Duschköpfe haben einen Durchfluss von 12 - 15 Liter/Min., Regenbrausen bis zu 20 Liter/Min. Bei nahezu jeder Dusche ist der Duschkopf umrüstbar, zu Kosten ab ca. 20 €. Das Anschrauben des neuen Duschkopfes kann mit wenigen Handgriffen selbst ausgeführt werden.

Nicht alle Sparduschköpfe funktionieren mit einem alten hydraulisch gesteuerten Durchlauferhitzer. Die benötigen meist einen Wasserdurchfluss von mindestens 8 l/Min., um anzuspringen. Mit einem Durchflussbegrenzer (kleine Scheibe mit Löchern) aus dem Baumarkt lässt sich vorab testen, ob Ihr Durchlauferhitzer bei einer verringerten Wassermenge die gewünschte Temperatur liefert. Legen Sie dazu die kleine Scheibe in Ihren Duschschlauch und messen Sie die Schüttmenge (Eimer + Uhr). Wird das Wasser wie gewohnt warm, steht dem Kauf eines Sparduschkopfs mit ähnlich nied-

Ein Spar-Duschkopf senkt den Energieverbrauch fürs Duschen um rund 30 Prozent. Wenn das alle Menschen in Deutschland nutzen, lassen sich dadurch rund 11,3 TWh Erdgas einsparen. Das entspricht 2,6% der Erdgasimporte aus Russland und spart etwa 2,8 Millionen Tonnen Treibhausgase und 1,1 Milliarden € Energiekosten.
(Mitteilung Umweltbundesamt vom März 2022).

Kosten pro Duschvorgang (€)			
Durchfluss l/min	Länge des Duschvorganges		
	5 min	10 min	20 min
6	0,39	0,78	1,56
8	0,52	1,04	2,08
12	0,78	1,56	3,12
20	1,30	2,6	5,20

4.11
Duschkosten pro Duschvorgang in Abhängigkeit von Durchflussmenge und Duschdauer. Längere Zeit unter der Regendusche zu verbringen ist ein teures Vergnügen.

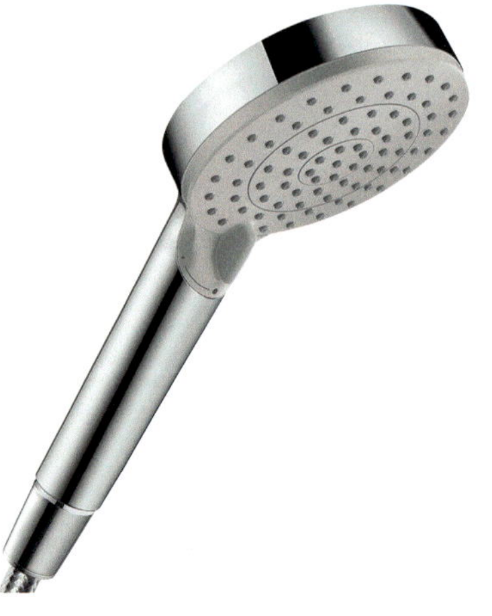

4.12
Wassersparende Duschköpfe sind in unterschiedlichsten Ausführungen über Baumärkte oder den Fachhandel zu beziehen (Quelle: Hansgrohe).

riger Schüttmenge nichts im Weg. Durch die beigemischte Luft wird der Strahl wieder voll und komfortabler als mit dem Durchflussbegrenzer. Quelle: Verbraucherzentrale

Nur am Rande: Wie oft und wie lange duschen Sie eigentlich? In verschiedenen Studien ist zu lesen, dass 52 - 66% der Bundesbürger einmal täglich duschen, davon 70 - 80% warm und durchschnittlich 6 - 11 Minuten lang, was aus medizinischer Sicht nicht unbedingt empfehlenswert ist. Zu häufiges Duschen schädigt langfristig den Fettsäureschutzmantel der Haut. Bei Dermatologen besteht ziemliche Einigkeit: zwei- bis dreimal wöchentlich, max. 6 Minuten und mit max. 36°C oder kälter – die Haut bedankt sich für Ihre Sparsamkeit.

Zirkulation

In den 1970er Jahren waren Zirkulationsleitungen in großzügigen Einfamilienhäusern und Mehrfamilienhäusern mit zentraler Warmwasserbereitung in Mode. Auch heute werden diese noch eingebaut. Durch eine parallel zur Warmwasserleitung geführte dünne Rohrleitung wird mittels einer Zirkulationspumpe das gesamte Wasser in den Leitungen permanent auf 40°C oder mehr warmgehalten und an allen Zapfstellen vorbeigeführt. Auf diese Weise ist warmes Wasser beim Aufdrehen des Wasserhahns sofort verfügbar. Dieser Komfort ist eventuell wassersparend, aber nicht preisgünstig. Neben den Installationskosten und dem ständigen Wärmeverlust durch die oft nicht gedämmten Zirkulationsleitungen fallen doch auch einige Stromkosten an. Wenn alte Zirkulationspumpen mit einer Leistungsaufnahme von 30 W Tag und Nacht durchlaufen, so summiert sich das im Jahr auf 0,03 x 24 x 365 = 262 kWh/a. Moderne Zirkulationspumpen kommen mit ca. 5 W aus, mittels Zeitschaltuhr lässt sich die Zirkulation auf die Morgen- und Abendstunden beschränken. Der Energieaufwand für die Zirkulation lässt sich so auf 12 - 20 kWh/a reduzieren. Der Umbau amortisiert sich nach spätestens 3 Jahren.

Durchlauferhitzer wechseln

Sofern Sie mit einem oder mehreren alten elektrischen Durchlauferhitzern (bis ca. Baujahr 2000) Ihr Warmwasser bereiten, lohnt sich wahrscheinlich die Anschaffung eines neuen vollelektronischen Gerätes. Die heutigen Geräte kommen mit 30% weniger Strom aus. Beim Durchschnittsverbrauch eines Dreipersonenhaushaltes wären das bis zu 160 €/a. Somit macht sich der elektronische Durchlauferhitzer spätestens nach 2 Jahren bezahlt.

4.3 Haushaltsstrom

Anteile der einzelnen Verbraucher

Wenn Sie sich die Mühe gemacht haben, wie in Kap. 1 vorgeschlagen, den spezifischen Stromverbrauch möglichst aller Geräte in Ihrem Haushalt zu bestimmen, dann ist in einem nächsten Schritt zu ermitteln, wie lange ein Gerät täglich in Betrieb ist. Manche Verbräuche, wie Beleuchtung, Fernsehen und evtl. Waschen, Trocknen können durch das eigene Nutzungsverhalten stark beeinflusst werden, in den meisten Fällen geht es um verbesserte Effizienz der technischen Geräte. Wann lohnt es sich, ein elektrisches Gerät auszutauschen? Grundsätzlich gilt: Je häufiger ein Gerät genutzt wird, desto höher ist die Einsparquote. Wer seine Gerät nur selten benutzt,

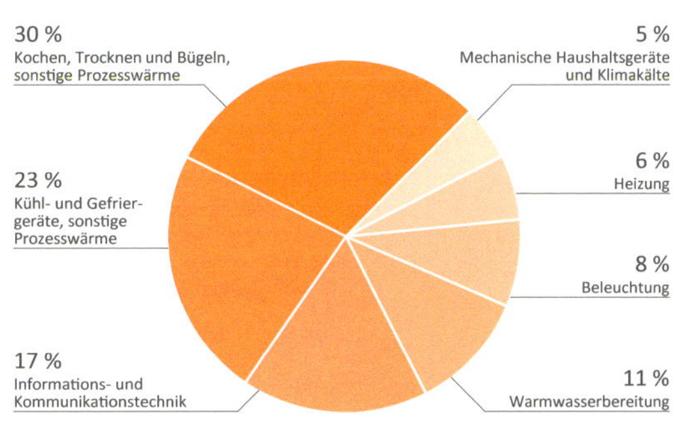

4.13
Zusammensetzung des Stromverbrauches in einem durchschnittlichen Haushalt in Deutschland
(Quelle: Bundesministerium für Wirtschaft u. Klimaschutz).

Stromverbrauch in Deutschland nach Haushaltsgrößen				
	Einfamilienhaus		Mehrfamilienhaus	
Haushaltsgröße	Stromverbrauch	Stromverbrauch mit elektr. Warmwasserbereitung	Stromverbrauch	Stromverbrauch mit elektr. Warmwasserbereitung
1 Person	2.300 kWh/Jahr	2.500 kWh/Jahr	1.300 kWh/Jahr	1.800 kWh/Jahr
2 Personen	3.000 kWh/Jahr	3.500 kWh/Jahr	2.000 kWh/Jahr	2.800 kWh/Jahr
3 Personen	3.500 kWh/Jahr	4.500 kWh/Jahr	2.500 kWh/Jahr	3.600 kWh/Jahr
4 Personen	4.000 kWh/Jahr	5.000 kWh/Jahr	2.600 kWh/Jahr	4.100 kWh/Jahr
5 Personen	5.000 kWh/Jahr	6.100 kWh/Jahr	3.000 kWh/Jahr	5.000 kWh/Jahr

4.14 Durchschnittlicher Stromverbrauch verschiedener Haushaltsgrößen und Wohnformen in Deutschland. (Quelle: Stromspiegel, Stand: 3/2021)

sollte sich über die Neuanschaffung keine Gedanken machen: in der Herstellung der effizienteren Technik steckt mehr Energie, als man mit der alten verschwendet.

Weitere Stromspartipps unter: https://www.haus.de/smart-home/strom-sparen-tipps-6598 und https://www.co2online.de/energie-sparen/strom-sparen/strom-sparen-stromspartipps/

Kochen und Backen

In vielen Haushalten war in der Vergangenheit der Elektroherd in Verbindung mit dem Backofen der größte Einzelverbraucher. Allerdings haben sich die Koch- und Essgewohnheiten tatsächlich in den letzten 50 Jahren grundlegend geändert, nur jeder 4. Deutsche kocht noch regelmäßig. Nun wird man niemanden ernsthaft empfehlen, das häusliche Kochen und Backen einzuschränken, wahrscheinlich passiert das von ganz alleine.

Kochen Sie mit Strom oder mit Gas? Die meisten Kochprofis bevorzugen Gasherde, aufgrund ihrer wirkungsvollen und schnellen Hitzeentwicklung, Schnelligkeit und der punktgenauen Regulierbarkeit. Für viele Alltagsköche dürfte das eher nebensächlich sein.

Gasherde sind in der Vergangenheit auch wesentlich kostengünstiger im Verbrauch gewesen, und in den Zeiten, als es noch verpönt war, hochwertigen Strom in Wärme umzuwandeln, hatte der Gasherd eine hohe Selbstverständlichkeit.

In den letzten 20 Jahren wurden Elektroherde wesentlich weiterentwickelt. Vorbei sind die Zeiten gusseiserner Kochplatten mit verkrusteten Rändern. Ein moderner Induktionsherd verbraucht etwas mehr als die Hälfte an Energie im Vergleich zu den alten Kochplatten, auch der Verbrauch bei den Backöfen wurde mehr als halbiert. Im Übrigen braucht der Gasherd am meisten Energie, da ein erheblicher Teil der Wärme an Töpfen und Pfannen vorbei streicht. Beim längeren Kochen merkt man, dass die Temperatur der Küche ansteigt (und auch der CO_2-Gehalt der Luft, siehe Kap. 4.1).

Steht die Anschaffung eines neuen Herdes an, ist daher zu hinterfragen, ob Kochen mit Gas noch als ernsthafte Alternative zum Strom angesehen werden kann.

Der gegenüber dem Strom ungleich höhere Gaspreisanstieg in der Gegenwart verringert die Kostenvorteile des Gasherdes. Auch unter dem Aspekt, dass die Gasheizung womöglich in den nächs-

Vergleich verschiedener Kochherde				
Verbrauch/ Kosten	Herdplatten	Glaskeramik	Induktion	Gas
Verbrauch kWh/a	450	360	290	650
CO_2-Äquivalent kg CO_2/a	189	151	122	131
Kosten €/a	180,00	144,00	116,00	97,50
Kosten in 10 a €/10a	1.800,00	1.440,00	1.160,00	975,00

4.15 Vergleich verschiedener Elektroherde und Gasherd bezogen auf eine durchschnittliche Nutzung (Mittel aus versch. Quellen).

ten Jahren durch eine elektrische Wärmepumpe ersetzt wird, stellt die Neuanschaffung eines Gasherdes infrage. Die Grundgebühren für den Anschluss sind dann bereits höher als die jährlichen Verbrauchskosten. Für leidenschaftliche Gaskocher bleibt als Alternative evtl. Propangas, welches in Flaschen bis 11 kg (ca.150 kWh) innerhalb des Gebäudes gelagert werden kann und die Zubereitung von Nahrung auch bei Stromausfall ermöglicht.

Bei der Nutzung von Koch– und Backherden gibt es noch ein paar Binsenweisheiten und Spielräume zur Energieeinsparung und Selbstdisziplinierung, mit denen Sie vielleicht noch mal 2 - 5% einsparen können:

- Kochen mit Deckel auf den Topf.
- Nur so kleine Töpfe und Pfannen wie nötig verwenden.
- Erhitzen von Wasser in einem Wasserkocher ist wesentlich effizienter als auf einer Kochplatte.
- Abschalten der Herdplatte vor Ende der Kochzeit, um die Restwärme der Kochplatte auszunutzen;
- Auftauen gefrorener Lebensmittel im Kühlschrank, bevor man diese in den Topf gibt – Auftauen ist energieintensiv.
- Größere Portionen kochen und aufwärmen am nächsten Tag spart Energie und Zeit.
- Der Backofen muss bei Aufläufen, Pizza, Brötchen etc. nicht vorgeheizt werden.

Spülen

Die Energiesparprogramme (auch Umweltprogramm, ECO-, Intelligent- oder Sparprogramm genannt) Ihrer Spülmaschine dauern etwas länger, die Wassertemperatur beträgt dann nur 50°C anstelle von 65 oder gar 70°C. Einmal monatlich ist das Normalprogramm mit 65°C sinnvoll, um ggf. Fettablagerungen aufzulösen.

Der Geschirrspüler sollte möglichst voll beladen sein. Die Programmfunktion „1/2" oder „Halbe Ladung" reduziert zwar Strom- und Wasserverbrauch, allerdings nicht um die Hälfte. Das Energiesparprogramm reinigt auch bei einer wenig beladenen Maschine effizienter als beim Programm ½.

Der größte Teil des Energieaufwandes wird zur Aufheizung des Wassers benötigt. Es ist in jedem Fall sinnvoll, den Geschirrspüler direkt an die Warmwasserversorgung anzuschließen, am besten an eine thermische Solaranlage. Aber selbst bei einer gasbetriebenen Warmwasserbereitung sind die Energiekosten deutlich geringer als beim Strom.

Kleine Mengen Geschirr wäscht man besser mit der Hand ab.

Waschen

Auch hier stellt sich die Frage: Muss man die Wäsche so oft waschen? Die Hygienegewohnheiten haben sich auch hier verändert, zumal die Haushalte so komfortabel ausgestattet sind, dass die Hemmschwelle, mal eben ein paar T-Shirts in die Waschmaschine zu werfen und danach in den Trockner umzuladen, relativ niedrig ist. Wenn man heute noch mit der Hand waschen müsste, dann wäre der Wäscheumsatz vielleicht halb so hoch.

Weitere Einflussfaktoren sind:

- Teilbeladung reduziert den Strom- und Wasserverbrauch nicht,
- Energiesparprogramme sparen Strom, dauern dafür wesentlich länger,
- Regelmäßiges Entkalken ist notwendig (1-2 mal jährlich, je nach Wasserhärte).

Bei ca. 200 Waschgängen (4 mal pro Woche) braucht eine heutige Waschmaschine etwa 100 kWh im Jahr. Braucht Ihre alte doppelt so viel, dann würde sich die Neuanschaffung in den nächsten 10 Jahren vermutlich nicht amortisieren. Warten Sie in dem Falle solange, bis die alte irreparabel entsorgt werden muss.

Welche Einflüsse bestimmen den Energie- und Wasserverbrauch einer Waschmaschine?

In erster Linie das Alter der Waschmaschine. Die neueste Generation benötigt im Durchschnitt weniger als 0,5 kWh Strom und weniger als 50 Liter Wasser pro Waschgang (Stiftung Warentest 9/2022).

Der Stromverbrauch steigt mit der Temperatur: für Kochwäsche (95°C) ist er etwa 4 - 5 mal höher als bei einem 30°C-Waschgang.

Wenn Sie Ihr Warmwasser jedoch über eine thermische Solaranlage oder Wärmepumpe erzeugen, reduziert sich der Stromverbrauch um weitere 30 - 50%, was die Anschaffung einer Waschmaschine mit Warmwasseranschluss durchaus sinnvoll erscheinen lässt.

Hinweis: Unter http://www.forum-waschen.de/online-waschrechner.html finden Sie einen interaktiven Rechner. Sie können dort Ihre individuellen Gewohnheiten zum Waschen, Trocknen und Bügeln eingeben und erhalten eine Auswertung als pdf.

Trocknen

Brauchen Sie wirklich einen Wäschetrockner? Natürlich ist es sehr bequem, wenn dieser neben oder über der Waschmaschine steht, die Wäsche eben umzuladen und nach 90 Minuten schranktrocken wieder herauszuholen. Dieser Komfort hat seinen Preis.

Der jährliche Energieverbrauch eines Wäschetrockners hängt von drei wesentlichen Faktoren ab:

- der Bauart des Trockners: Ablufttrockner oder Wärmepumpentrockner?
- der Restfeuchte der Wäsche,
- und der Anzahl der Trocknungsvorgänge.

Wärmepumpentrockner verbrauchen nur etwa die Hälfte der Strommenge eines Ablufttrockners.

Die Restfeuchte der Wäsche ist abhängig von der Drehzahl beim Schleudervorgang: Bei 1200 U/min liegt die Restfeuchte bei rund 60%, bei 1600 U/min reduziert sich diese auf 45%.

Auch wenn es recht bequem ist, die Wäsche mal eben aus der Waschmaschine in den Trockner umzuladen, so besteht doch häufig, vor allem im Sommerhalbjahr, die Möglichkeit, die Wäsche auch im Freien zu trocknen. Die Wäsche wird frischer und die Leinentrocknung erhöht die Lebensdauer der Textilien.

Eine einfache Rechnung: Heutige Ablufttrockner benötigen 3,2 - 4,0 kWh/Trockenvorgang, die Wärmepumpentrockner knapp die Hälfte. Ein Trockenvorgang kostet Sie beim Ablufttrockner also etwa 1,30 - 1,60 €, bei drei Trockenvorgängen pro Woche sind das etwa 240 €/Jahr. Da die Wärmepumpentrockner in den letzten Jahren stark im Preis gefallen sind, amortisieren sich die Mehrkosten in 3 - 5 Jahren. Bei maximal einem Trocknungsvorgang pro Woche benutzen Sie Ihren alten Trockner besser weiter!

Kühlen und Gefrieren

Bevor man über den Energieverbrauch von Kühlraum nachdenkt, sollte man grundsätzlich fragen: Wie viel Kühl- oder Gefrierraum braucht man eigentlich und welche Vorratshaltung ist notwendig bzw. wünschenswert? Oder kann man die Bevorratung von Gefriergut komplett den Supermärkten überlassen?

Geht man von einem Kühlschrank mit 150 Liter Volumen ohne Gefrierfach aus, verbrauchen solche Geräte heute etwa ab 80 kWh/a. Da Kühlgeräte Tag und Nacht laufen, ist allein der spez. Verbrauch entscheidend; an der Nutzungsdauer lässt sich nichts einsparen, es sei denn, man lagert seine Lebensmittel draußen.

Allerdings kann man die Kühltemperatur überprüfen, empfohlen werden:

- für einen Kühlschrank 7°C,
- für einen Gefrierschrank -18°C.

Sind die Geräte nur um 2°C kälter eingestellt, steigt der Stromverbrauch um bis zu 10%. Bei Geräten ohne Temperaturanzeige legt man einfach abends ein Thermometer ins Fach und korrigiert die Einstellung entsprechend am nächsten Morgen.

Grundsätzlich gilt: Der Stromverbrauch eines Kühlgerätes hängt auch von der Umgebungstemperatur des Aufstellungsortes ab: Die direkte Nähe von Herd, Backofen, Heizkörper oder Spülmaschine sollte vermieden werden. Ein Gefrierschrank sollte in der kalten Abstellkammer oder im Keller (bis zu 30% Einsparung!) stehen. Aber auch: je besser das Kühlgerät selbst gedämmt ist, desto geringer ist der Einfluss der Umgebungstemperatur.

Beleuchtung

Die Entwicklung der LED-Beleuchtungstechnik hat den Anteil des Stromverbrauches in Gebäuden so entscheidend reduziert wie keine andere Technologie. Gegenüber der guten alten Glühlampe liegt die Lichtausbeute (Lumen/Watt) fast um den Faktor 10 höher. LED-Leuchtmittel gibt es in allen Größen, Formen und Lichtfarben, so dass sich der Austausch aller alter Glüh-, Halogenlampen und Leuchtstofflampen sehr schnell bezahlt macht. LEDs halten wesentlich länger als die meisten anderen Lampentypen und sind zudem quecksilberfrei. Aber auch bei der Beleuchtung hat sich in den letzten Jahren ein starker Reboundeffekt ergeben – es wird insgesamt wesentlich mehr künstlich beleuchtet und in der Regel auch heller. Über die Notwendigkeit kann man streiten. Die meisten Supermärkte haben ab November 2022 ihre Innenbeleuchtung reduziert – und keiner hat es gemerkt!

Den größten Einfluss auf eine sparsame Beleuchtung haben die Oberflächen des Raumes. Denn die notwendige Beleuchtungsstärke wird durch den Reflexionsgrad von Decken, Wänden und Fußböden mitbestimmt, der für

- weiße Wände bei 85% liegt,
- für Holzfußböden bei 50% liegt und
- für rote Ziegelwände bei 25% liegt.

Helle Räume erfordern geringere Beleuchtungsstärken, größere Fenster kürzere Leuchtdauer.

Schalten Sie das Licht nur dort an, wo es zum Wohlfühlen beiträgt. Die Beleuchtung des ganzen Hauses ist oft nicht notwendig. Das Ausschalten des Lichtes beim Verlassen eines Raumes kann man sich antrainieren. Durch Dimmer lässt sich die Beleuchtung nutzungsspezifisch anpassen, Bewegungsmelder sind für nur kurzzeitig genutzte Räume sinnvoll, kleine, aber praktische Maßnahmen zum Stromsparen.

Elektronische Geräte

Der größte Verbraucher unter den elektronischen Geräten ist der Fernseher. Der Trend geht zu immer größeren Bildschirmen, der Energieverbrauch steigt nahezu proportional zur Bildschirmfläche. Sparsame 48 Zoll-Bildschirme verbrauchen ca. 0,1 - 0,15 kWh/h, 88 Zoll-Bildschirme das 2 - 3-fache davon.

Der Verbrauch wird auf den Energielabeln für 1.000 Betriebsstunden/a angegeben. Die durchschnittliche TV-Nutzung liegt in Deutschland bei ca. 3,5 Stunden täglich, beträgt also knapp 1.300 h/a. Wer selten fernsieht, hat auch einen entsprechend geringeren Stromverbrauch.

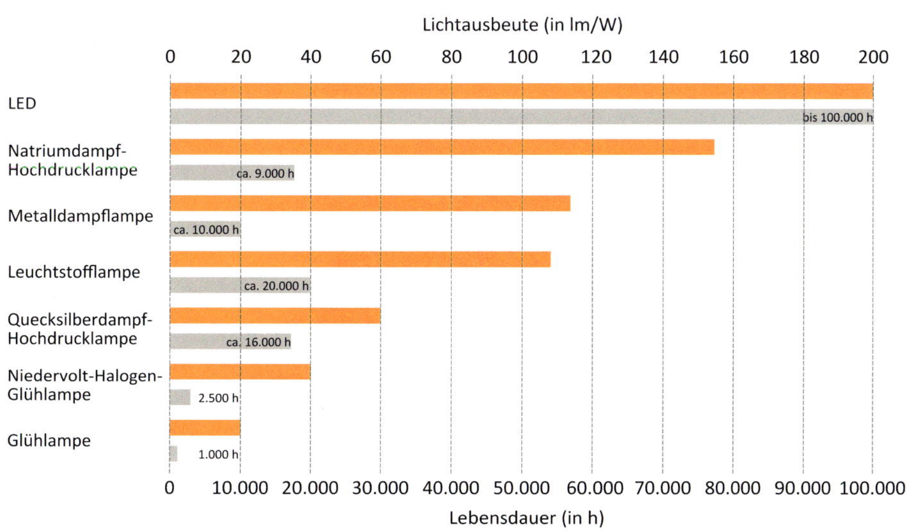

4.16: Lichtausbeute und Lebensdauer verschiedener Lampenarten (Quelle: Trilux).

Die Funksteuerung von Wlan-Routern verfügen zwar nur über eine geringe Leistungsaufnahme zwischen 6 und 16 Watt, laufen aber in der Regel das ganze Jahr über (8.760 Std.) und verbrauchen damit 52 - 130 kWh/a. Die Differenz zwischen einem sparsamen und weniger sparsamen Gerät beträgt immerhin ca. 31 €/a.

Sonstige elektrische Geräte

In der Regel befinden sich in einem Haushalt weitere elektrische Geräte, manche sehr nützliche, manche aber vielleicht auch eher überflüssige: Staubsauger, Bügeleisen, Haarföhn, Mixer, Toaster etc. Diese Geräte haben oftmals eine Leistungsaufnahme von etwa 800 - 1000 Watt und mehr. Allerdings ist die Nutzungsdauer auf wenige Minuten täglich begrenzt, so dass in der Summe kein großes Einsparpotential vorhanden ist. Man kann aber ruhig einmal ein paar lustige Berechnungen anstellen, um ein Gefühl für die Größenordnungen zu erhalten:
Wird z.B. ein Haarföhn mit einer Leistung von 1200 Watt täglich 5 Minuten benutzt, so ergibt sich ein jährlicher Verbrauch von 1,2 kW * 5/60 min * 360 Tage = 36 kWh/a entsprechend ca. 14 €/a Stromkosten.

Man kann natürlich die Haare auch trocken rubbeln oder mit nassen Haaren das Haus verlassen oder besser: föhnen wie gewohnt.

Wenn man 3 Oberhemden pro Woche mit einem 2.000 W-Dampfbügeleisen bügelt (5 Min. pro Hemd), ergeben sich im Jahr 2,0 kW * 3 * 5/60 Min. * 50 Tage = 25 kWh/a oder ca. 10 €/a Stromkosten. Für das Geld möchten Sie wahrscheinlich nicht das ganze Jahr über ungebügelt herumlaufen.

Balkon-Photovoltaik

Unter *Balkonphotovoltaik (auch Mini-Photovoltaik, Plug-in Photovoltaik, Guerillia-Photovoltaik)* versteht man kleine Photovoltaikanlagen mit einer maximal zulässigen Wechselrichter-Ausgangsleistung pro Haushaltsstromkreis von 600 VA, was der Leistung von 2 Standardmodulen a 330 W Spitzenleistung bzw. 660 W_p (= 2 Module à 330 W_p) entspricht.

Der Begriff ist entstanden, weil sich Balkonbrüstungen relativ einfach für die Montage anbieten und die Abmessungen der Standardmodule (ca. 1,70 x 1,00 m) gut passen. Die Anlagen können aber grundsätzlich überall aufgehängt und aufgestellt werden: an Fassaden, auf Garagendächern, Terrassen und überall dort, wo eine möglichst verschattungsfreie und ganztägig besonnte Fläche vorhanden ist. Grundsätzlich können PV-Module auch mobil aufgestellt werden und dann je nach Himmelsrichtung und Sonnenstand optimiert werden. Mittlerweile gibt es in Deutschland geschätzt mehr als

Stromverbrauch, Einsparpotenzial und Handlungsebenen im 3-Personen-Haushalt

	Verbrauch vorher kWh/a	Bessere Technik kWh/a	Sparsamer Umgang kWh/a	Kompensation Sol./WP kWh/a	Verbrauch nachher kWh/a
Kühlen	240	100			100
Gefrieren	300	180			180
Kochen	400	350	-20		330
Spülen	320	240	-20	-120	100
Trocknen	420	220	-80		140
Waschen	250	120		-60	60
Licht	320	160	-40		120
TV/PC	360	300	-50		250
Pumpen	220	50			50
Sonstige	320	240	-30		210
Summe	**3.150**				**1.540**

4.17
Stromverbrauch eines 3-Personenhaushaltes mit Einsparpotenzialen und Handlungsfeldern.

200.000 solcher Anlagen. Balkon-Solaranlagen werden in der Regel als Paket angeboten und bestehen meistens aus zwei Solarmodulen und kleinen Modulwechselrichtern, die den Solarstrom auf 230 V transformieren. Von dort wird über eine normale Steckerverbindung die Anlage mit dem Hausnetz verbunden, eine Modifizierung der Steckernorm für die Anlagen ist gerade in Arbeit.

Der erzeugte Strom kann nur im eigenen Haus- oder Wohnungsnetz direkt verbraucht werden, eine Pufferung über einen kleinen Batteriespeicher wäre zwar grundsätzlich denkbar, ist aber im Unterschied zu großen Anlagen im Netzverbund (siehe Kap.7.4) unergiebig.

Im Gegensatz zu großen Anlagen findet keine vergütete Netzeinspeisung statt. Bei alten Stromzählern könnte es aber möglich sein, dass dieser rückwärts läuft. Die Rechtssprechung fordert, dass die Anlage beim Netzbetreiber und im Marktstammdatenregister (www.marktstammdatenregister.de) anzumelden ist.

Der Netzbetreiber wird Ihnen spätestens dann einen Zähler mit Rücklaufsperre einbauen. Mieter benötigen für die Montage der Anlage die Einwilligung des Vermieters.

Eine solche Minianlage kann bei Südausrichtung und 45°Neigung bis zu 500 kWh/a produzieren. Sie wird als fertig vorkonfiguriertes Paket steckerfertig geliefert (bestellbar z.B. übers Internet) und kann von handwerklich durchschnittlich talentierten Laien installiert werden.

Auf der Basis der aktuellen Stromkosten lassen sich so etwa bis zu 200 €/Jahr einsparen. Bei Investitionskosten von 650 - 1.000 € amortisiert sich eine solche Anlage bei optimalen Rahmenbedingungen in 3,5 - 5 Jahren und ist damit ein guter Einstieg in die Photovoltaik.

Einige Städte und Kommunen bieten attraktive Förderprogramme an.

Einen interaktiven Rechner finden Sie unter:
https://solar.htw-berlin.de/rechner/stecker-solar-simulator/

Weitere Tipps unter:
https://www.verbraucherzentrale.de/wissen/energie/erneuerbare-energien/steckersolar-solarstrom-vom-balkon-direkt-in-die-steckdose-44715

Aktuelle Marktübersichten finden Sie unter:
https://www.pvplug.de/marktuebersicht/
https://www.pv-magazine.de/marktuebersichten/produktdatenbank-stecker-solar-geraete/

4.18
Auf nach Süden ausgerichteten Balkonen lassen sich zwei Module á 300 W quer montieren. Die senkrechte Ausrichtung ist konstruktiv und gestalterisch am einfachsten umzusetzen, gegenüber der 45° Variante sind aber Leistungseinbußen von ca. 20% einzukalkulieren.

4.4 Mobilität

Die Mobilität ist ein wesentlicher Kostenfaktor beim Wohnen. Vereinfacht kann man sagen, dass jedes Haus/jede Wohnung mit einem standortgebundenen Mobiltitätsbonus oder -malus verbunden ist, der sich z.B. aus den Arbeitsverhältnissen und den Freizeitgewohnheiten der Bewohnerinnen und Bewohner ergibt und vor allem aus der Anbindung an den öffentlichen Nahverkehr. Wer auf dem Land wohnt und täglich mit dem Auto in die Stadt pendelt, hat zwangsläufig einen wesentlich höheren Energieverbrauch als jemand, der in der Stadt wohnt und viele tägliche Stationen zu Fuß, mit dem Fahrrad oder dem öffentlichen Personennahverkehr erreicht.

Zusammensetzung der Mobilität

Ganz grob lässt sich die Mobilität, d.h. das Wegeaufkommen, in Deutschland in drei Bereiche aufteilen:

- ⅓ aller Wege werden ausbildungs- und berufsbedingt zurückgelegt,
- ⅓ sind Einkaufs- und private Erledigungswege,
- ⅓ entfallen auf Freizeit und Begleitung.

Individuell kann diese Verteilung völlig anders aussehen. Es lohnt sich daher, die eigenen Bewegungsprofile über einen längeren Zeitraum zu dokumentieren, Häufigkeiten und Energieverbrauch zu bestimmen und den Verkehrmitteln zuzuordnen.

Jährliche Kosten des Autofahrens		
Neupreis	PKW untere Mittelklasse	30.000 €
Fahrleistung		15.000 km/a
Fixkosten	Kfz-Steuer	200 €
	Versicherung	600 €
	Stellplatz und Parkgebühren	200 €
	Inspektion, Wartung, etc	600 €
Betriebskosten	Kraftstoff 6 l/100km,1,80 €/l	1.620 €
	Pflege/Wagenwäsche	250 €
Wertverlust	12,5%/a	3.750 €
Gesamtkosten/a		**7.220 €**
Kosten/km		0,48 €

4.19
Zusammenstellung der tatsächlichen jährlichen Gesamtkosten des Autofahrens, umgerechnet auf jeden gefahrenen Kilometer.

Auto

Das Auto – vieler Deutschen liebstes Kind – verfügt bei den Haushaltskosten nachweislich über das höchste Einsparpotenzial. Allerdings gilt das nur, wenn man – emotionslos – das Auto als reines Fortbewegungsmittel betrachtet, mit dem man von A nach B kommt.

Die Einsparmöglichkeiten lassen sich einfach in vier Kategorien fassen:

- weniger und langsamer Autofahren,
- ein sparsameres und kleineres Auto fahren,
- Carsharing nutzen,
- gar nicht mehr Autofahren.

Die wenigsten Autofahrer und -fahrerinnen sind sich über die tatsächlichen Kosten ihres Autos im Klaren. Und hier sind nur die individuellen Kosten gemeint, nicht die Kosten für Straßenbau, Infrastruktur und Umweltschäden. Die meisten können die aktuellen Benzinpreise fehlerfrei aufsagen, aber was heißt das im Zusammenhang?

Verdrängt, d.h. nicht eingerechnet, werden der Wertverlust des Autos und die laufenden Kosten für Versicherung, Steuern, Wartung, Pflege, Parkgebühren und hin und wieder Strafmandate. Gemäß aktueller ADAC-Tabelle liegen die km-Kosten bei einem VW Golf bereits bei fast 0,50 €/km, bei einem Audi A6 sind diese etwa doppelt so hoch.

So werden die Kosten von vielen Autobesitzern völlig unterschätzt. In einer Studie des RWI (Leibniz-Instituts für Wirtschaftsforschung) sowie der Universität Mannheim und der US-Universität Yale wurden 6.000 deutsche Haushalte mit eigenem Auto befragt. Das Ergebnis: Die Kosten werden im Durchschnitt um mehr als 50% unterschätzt. Die tatsächlichen Ausgaben für Abnutzung, Steuern, Versicherung und Werkstattbesuche eines Autos liegen im Durchschnitt bei rund 425 €/Monat, geschätzt wurden die Kosten im Schnitt auf 204 €/Mon. (Quelle: SZ vom 22.04.2020).

Betrachten wir einmal die Zeit, die man benötigt, um mit dem Auto von A nach B gelangen, und beziehen in einer Gesamtrechnung auch die Zeit mit ein, die man aufwenden muss, um das Geld für das Auto zu verdienen. Rechnet man den bescheidenen

Nettoverdienst eines einzigen Jahres (z.B. 30.000 €), dann entspricht diese Summe etwa den durchschnittlichen Anschaffungskosten eines Neuwagens. Nimmt man die Jahresarbeitszeit vereinfacht mit etwa 1.800 Stunden an und die Kilometerleistung eines Autos mit 180.000 km, so fällt allein für die Finanzierung des Autos eine Arbeitsstunde pro 100 km an. Theoretisch heißt das, ein Bahnfahrer kann gegenüber einem Autofahrer 1 Stunde mehr Fahrzeit pro 100 km benötigen. Da es unmöglich ist, diese Stunde mit dem Auto schneller zu sein, muss man eigentlich gar nicht weiterrechnen.

Unter E-Autofahrern gibt es ein neues Phänomen: Sie fahren energiebewusster. Dadurch, dass im E-Auto permanent (oder penetrant) die restliche Reichweite angezeigt wird, wird jedes Beschleunigen oder eine zu hohe Geschwindigkeit durch einen rapiden Verlust an Reichweite quittiert, wodurch man automatisch zum sparsamen Fahren erzogen wird – vielleicht weniger durch Einsicht, als durch die Sorge, nicht mehr ohne längeren Ladesäulenaufenthalt nach Hause zu kommen.

Es gibt eine Reihe von Maßnahmen, Benzin oder auch Strom zu sparen:

- Sanft beschleunigen, vorausschauend fahren, Maximalgeschwindigkeit vermeiden, möglichst hohen Gang wählen.
- Schmale Reifen wählen und für korrekten Luftdruck sorgen.
- Dachträger und Dachboxen nach Benutzen demontieren, Kofferraum leerräumen.
- Elektrische Verbraucher minimieren (Klimaanlage, Heckscheibenheizung, Beleuchtung etc.)
- Durchschnittsverbrauch regelmäßig anzeigen lassen oder überprüfen.

Wenn man seine Autofahrten nicht reduzieren kann oder mag, dann geht es eventuell auch ein wenig langsamer. Wenn man von Oldenburg nach Hamburg statt im Durchschnitt mit 100 km/h, mit 130 km/h unterwegs ist, verbraucht man im Schnitt 2,0 Liter/100 km mehr.

Somit betragen die Mehrkosten für 180 km:
(2,0 l/100 km) x 180 km x 2,00 €/l = 7,20 €

Das heißt bei ca. 15 Minuten Zeitersparnis a 7,20 €: Ab ca. 80.000 € jährlichem Bruttoeinkommen ist das Rasen günstiger! Verdienen Sie wirklich so viel?

Stellen Sie während der Fahrt Ihr Display auf *Durchschnittverbrauch*. Wenn Sie das eine Zeitlang praktizieren, werden Sie ein Gefühl dafür bekommen, welche Auswirkungen die unterschiedlichen Strecken und Fahrweisen (z.B. Beschleunigungsvorgänge) haben. Gerade im Kurzstreckenverkehr (bis 5 km) liegt der Benzinverbrauch etwa um 60 - 80% höher als bei einer gleichmäßigen Geschwindigkeit auf der Landstraße. Gleichzeitig ist der Verschleiß aufgrund der zu geringen Betriebstemperatur des Motors extrem hoch. Auf der Fahrt zum Bäcker oder Kindergarten verschleißt ein Dieselmotor etwa genauso stark wie auf der Strecke von Hannover nach Frankfurt bei gleichmäßigem Tempo von 120 km/h.

Benzinverbrauch (Liter/a)
versch. Verbräuche und Fahrleistungen

Fahrleistung (km/a)	6.000	12.000	20.000 km/a
Verbrauch (l/100 km)	Benzinverbrauch (l/a)		
4	240	480	800 l/a
6	360	720	1.200 l/a
8	480	960	1.600 l/a
10	600	1.200	2.000 l/a

4.20
Jährlicher Benzinverbrauch eines Pkw in Abhängigkeit vom spez. Benzinverbrauch und von der Fahrleistung. Multipliziert mit dem aktuellen Benzinpreis erhalten Sie Ihre jährlichen Ausgaben für Sprit.

4.21
Die ständige Visualisierung des Verbrauchs animiert zu einer sparsameren Fahrweise und erzeugt unterbewusst einen sportlichen Anreiz.

Machen Sie sich doch einfach die Mühe und führen ein Fahrtenbuch. Analysieren Sie die Fahrten nach den Kriterien: *unbedingt notwendig*, *ganz praktisch* und *reine Bequemlichkeit*. Seien Sie ehrlich und überlegen Sie, welche Fahrten mit anderen Verkehrsmitteln kompensiert werden können, welche besser organisiert werden können und welche einfach überflüssig sind.

Fliegen

Für die allermeisten Menschen ist das Fliegen nicht lebensnotwendig, sondern findet als Fortbewegung in der Freizeit oder im Urlaub statt. Flugpreise stehen auch nicht im direkten Zusammenhang mit Energiepreisen, so dass hier kein Einfluss genommen werden kann, außer man lässt es einfach sein! Grundsätzlich erreicht man jeden Ort auf dieser Erde mit Bahn und Schiff, was bei außereuropäischen Zielen allerdings mit viel Zeit und Geld verbunden ist. Allerdings lassen sich manche Bahn- oder Schiffsreisen auch unter der Rubrik Erholung, Entspannung und Entschleunigung verbuchen. Dann sieht die Bilanz eventuell anders aus. Geld sparen lässt sich allerdings nur bei Strecken innerhalb Deutschlands. In jedem Fall leisten Sie einen sehr deutlichen Beitrag zum Klimaschutz.

Um die Größenordnung zu verdeutlichen: Eine jährliche Flugreise von Frankfurt nach Teneriffa entspricht pro Person (1.418 kg CO_2) etwa der jährlichen CO_2-Einsparung von

- 120 m^2 Einblasdämmung in die Außenwand; Verbesserung des U-Wertes von 1,2 auf 0,55 W/m^2K,
- 38 m^2 Austausch alter Fenster zu 3-fach Verglasung; Verbesserung des U-Wertes von 3,0 auf 0,9 W/m^2K,
- 100 m^2 Dämmung des Daches; Verbesserung des U-Wertes von 0,9 auf 0,14 W/m^2K,
- das ganze Jahr über täglich 5 Minuten warm duschen, aber auch
- 130 T-Shirts (11 kg CO_2) aus Baumwolle,
- 1100 Rindersteaks aus Deutschland (1,3 kg CO_2),
- 120 kg Erdbeeren aus Südafrika (11,8 kg CO_2).

Diese Zahlen werden viele nicht davon abhalten, weiter in den Urlaub zu fliegen, aber vielleicht kommt der eine oder andere einmal ins Grübeln.

Öffentliche Verkehrsmittel

Eine Binsenweisheit: Der öffentliche Nahverkehr ist in Deutschland regional mal besser und mal schlechter ausgebaut; es könnte, sollte, müsste vielerorts besser sein, aber das hilft Ihnen aktuell nicht weiter. Man kann sich freuen, wenn man in der Stadt wohnt, in der eine akzeptable Flächenabdeckung sowie eine ausreichende Taktung besteht. Trotzdem benutzen wesentlich weniger Menschen den öffentlichen Nahverkehr als es möglich wäre. Dabei geht es vor allem um Gewohnheiten. Gemäß *Digital Auto Report* von 2021, der Strategieberater von PwC (Price Waterhouse Cooper, ein Wirtschaftsprüfungsunternehmen), sind sieben von zehn Menschen in Deutschland bereit, ihr persönliches Mobilitätsverhalten zu verändern, um CO_2-Emissionen einzusparen. Allerdings liegt zwischen Bereitschaft und Umsetzung noch ein langer Weg.

Eine wesentliche Hürde für die Nutzung öffentlicher Verkehrsmittel liegt in der Unkenntnis von Fahrplänen, Taktungen und Preisen. Nun ist es im digitalen Zeitalter wesentlich einfacher geworden, Informationen von Bus- und Bahnverbindungen einschließlich der manchmal undurchsichtigen Tarifsysteme zu bekommen.

Dabei ist es einfacher als man denkt, sich einen Überblick über lokale, regionale und deutschlandweite Streckenpläne zu machen, wenn man erst einmal damit begonnen hat; man bekommt schnell ein Gefühl für Haupt- und Nebenstrecken und die grundsätzliche Taktung. Wo sind die wesentlichen Knotenpunkte im Land, von denen das Schienennetz in alle Richtungen verläuft? Man weiß aus Studien, dass eingefleischte Autofahrer und -fahrerinnen die öffentlichen Verkehrsangebote völlig unterschätzen und so eine Rechtfertigung fürs Autofahren finden. Gleichzeitig verdrängen sie die zunehmenden Verkehrsstaus: Pendlerinnen und Pendler stehen im Schnitt 40 Stunden pro Jahr im Stau (DER SPIEGEL, 07.12.2021).

Wie bei allen Fragen der Mobilität bzw. des Konsums geht es bei der Beurteilung der Vor- und Nachteile immer um rationale und emotionale Gründe. Die lassen sich kaum diskutieren, weil die individuelle Wahrnehmung sehr unterschiedlich ausfällt. Trotzdem lohnt es sich, die eigenen Mobilitätsgewohnheiten zu überprüfen, vielleicht kann man das eine oder andere Vorurteil noch mal überdenken. In den meisten Gegenden hat sich die öffentliche Verkehrsinfrastruktur in den letzen Jahren stark verbessert, in sehr ländlichen Gegenden allerdings auch verschlechtert.

Tatsache ist: Mit Bus und Bahn sind Sie sicherer und deutlich umwelt- und klimafreundlicher unterwegs als mit dem Auto oder dem Flugzeug, häufig auch kostengünstiger. Im Gegensatz zum Autofahren können Sie die Zeit aktiv zum Arbeiten oder Lesen nutzen. Wer beispielsweise ein Jahr lang mit öffentlichen Verkehrsmitteln statt mit dem Auto zur Arbeit fährt, kann bei einer Entfernung von 25 Kilometern rund 3.700 € und rund 320 Kilogramm CO_2 sparen. (Annahme: an 220 Tagen 25 km mit der S-Bahn und zu Fuß statt mit dem Pkw zur Arbeit). Die Bahn zählt zu den sichersten Verkehrsmitteln: Die Gefahr, bei einem Unfall verletzt zu werden, ist im Auto 38-mal höher als bei der Bahn.

Fahrrad

Im Kurzstreckenverkehr stellt das Fahrrad in jedem Fall eine Alternative zum Auto dar. Auch wenn die absolute Geschwindigkeit wesentlich geringer erscheint, sollte man doch ehrlich genug sein, Staus und Parkplatzsuche bei der Nutzung des Autos mit einzubeziehen, ebenso die Kosten.

Der Genuss des Radfahrens hängt von verschiedenen Faktoren ab, z.B. von

- der Qualität des Fahrrades,
- den Transporteigenschaften des Fahrrades,
- dem Wetter und passender Bekleidung,
- der Qualität der Fahrradwege,
- der Selbstdisziplin, Fitness und Lust an der Bewegung.

Das Durchschnittstempo eines Pkw hat sich in den Städten in den letzten Jahren weiter verlangsamt. In Großstädten liegt das Durchschnittstempo heute bei 35 - 40 km/h, im Berufsverkehr morgens und abends bei weniger als der Hälfte (https://www.bvl.de/service/bvldigital/verkehrsflusstudie). D.h., im Berufsverkehr ist man mit dem Fahrrad bereits genauso schnell.

Es ist nahezu 50 Jahre her, dass der österreichische Philosoph und Theologe Ivan Illich (1926-2002) eine simple Rechnung aufmachte. Er ermittelte die für die Kosten eines Pkw notwendige Arbeitszeit, die zum Bezahlen dieser Kosten notwendig ist, und rechnete diese Zeit, bezogen auf 1 km, in die im Durchschnitt aller Fahrten erreichte Geschwindigkeit ein. Im Ergebnis wies er damit nach, dass die so ermittelte effektive Geschwindigkeit dem des Fahrrades gleichkommt. Diese Rechnung wurde von dem Vorarlberger Architekten Helmut Krapmeier noch mal um die sozialen Kosten für Infrastrukturmaßnahmen (vom Straßenbau bis zum Rettungshubschrauber) ergänzt; er kommt damit zum Ergebnis, dass die tatsächliche Geschwindigkeit des Autos nicht höher ist als die eines Fußgängers. Das sollte einem zu denken geben.

Viele Menschen gehen einer Arbeit nach,
zu der sie keine Lust haben,
um sich Dinge leisten zu können,
die sie nicht brauchen,
um Leuten zu imponieren,
die sie nicht leiden können.

Walter Slesak, österr.- amerik. Schauspieler, 1902-1983

4.23
In vielen Städten macht man die Erfahrung, dass Kinder morgens mit dem Fahrrad schneller in der Schule sind, als wenn sie von den Müttern mit dem Auto dorthin gefahren werden. Neben der Energieeinsparung fördert es auch Eigenständigkeit und Eigenverantwortung der Kinder.

5 Hochinvestive langfristige Maßnahmen

Die Sofortmaßnahmen in Kap. 4 haben keine Auswirkungen auf den Charakter, die Gebäudehülle oder das Erscheinungsbild Ihres Gebäudes, es sind alles kleine Einzelmaßnahmen, die man mit vergleichsweise geringer Investition umsetzen kann, nach Lust und Laune bzw. die jeweiligen Spielräume nutzend, die sich hinsichtlich Nutzungsintensität oder -veränderung bieten.

Ab jetzt wird es anders – und eben teurer. Deshalb brauchen Sie ein gut durchdachtes, langfristiges Planungskonzept. Rein energetisch betrachtet lassen sich die hochinvestiven Maßnahmen im Wesentlichen in zwei Bereiche unterteilen: Die bauliche Verbesserung der Gebäudehülle und die Haustechnik.

Ihrer neuen Heizung ist es dabei ziemlich egal, in welchem Haus sie wohnt. Sie sollten jedoch die Gelegenheit nutzen, noch einmal grundsätzlich über die Nutzungsqualitäten des Gebäudes nachdenken und sollten die energetische Verbesserung mit einer mittel- und langfristig geplanten Verbesserung der Wohnqualität, der Struktur und der Nutzungsalternativen verbinden.

Kriterien und Prioritäten

Grundsätzlich gehen Sie davon aus, dass Sie sehr viel Geld in die Hand nehmen müssen, um den Energieverbrauch des Gebäudes entscheidend zu reduzieren. Dabei wird – in Abhängigkeit von den energetischen Standards – die Verbesserung der Gebäudehülle ein Mehrfaches im Vergleich zur Technik kosten. Die Entscheidungen zur energetischen Ertüchtigung der Gebäudehülle sind dabei absolut vorrangig und ungleich komplexer als die Erneuerung der Heizung oder die Installation einer Photovoltaikanlage. Auch wenn Ihnen Ihr Energieberater vorschlägt, die einzelnen Bauteile (Dach, Wand, Fußboden, Fenster und Türen) energetisch zu optimieren, ist das nur ein kleiner Teil der Lösung. Sinnvoller ist es, sich in dieser Phase sehr grundsätzlich zu überlegen, was das Haus in Zukunft *können* soll. Stellen Sie sich die richtigen Fragen:

- Welchen baulichen Komfort soll das Haus haben, bezogen auf räumliche und Tageslichtqualitäten?
- Für welche Lebenssituation (z.B. Familie) wurde das Gebäude erstellt? Welches Anforderungsprofil war zum Zeitpunkt der Erstellung maßgebend, welche Anforderungen sind in den nächsten 10 oder 20 Jahren zu erwarten?
- Passen Anzahl und Größe der Räume noch? Ist das vielleicht jetzt eine günstige Gelegenheit, sich zu verkleinern, weil die Kinder aus dem Haus sind, und eine 2. Wohneinheit abzutrennen bzw. das Haus um eine Wohneinheit zu erweitern oder aufzustocken?
- Vielleicht kommen Sie auch zum Ergebnis, dass sich eine solche Kraftanstrengung für Sie nicht mehr lohnt oder das Gebäude für Sie zu wenige Optionen bietet. Dann können Sie auch überlegen, wie und wo Sie vielleicht den Rest des Lebens verbringen könnten/möchten.

Auch wenn Sie ob der Höhe der Investitionskosten erst einmal etwas verstört sind, versuchen Sie Prioritäten zu setzen:

- Welche Maßnahme hat im Verhältnis zur Investition die höchste energetische Relevanz?
- Welche Maßnahme hat für Sie den höchsten emotionalen Reiz und Komfortgewinn?
- Bei welcher Maßnahme belohnen Sie sich am meisten und freuen sich jeden Tag darüber?
- Welche Maßnahme ist unter Ihren persönlichen Lebensumständen am leichtesten umsetzbar?
- Welche Bauarbeiten sind für Sie organisierbar und erträglich?
- Wollten Sie während der Bauarbeiten nicht immer schon mal eine längere Reise unternehmen, um das Elend nicht ertragen zu müssen?
- Wie entlasten Sie sich am besten, wem übertragen Sie die Verantwortung für die baulichen Maßnahmen?
- Wann ist der richtige Zeitpunkt der Umsetzung?
- Ist Ihr Finanzierungsplan belastbar und enthält er genügend Reserven für Unvorhergesehenes?

Sollten Sie sich mit der Komplexität der Entscheidungen etwas überfordert fühlen, befinden Sie sich in guter Gesellschaft, den meisten Immobilienbesitzern geht es genauso. Wer kann Sie unterstützen?

Sie suchen eine/n geeignete/n Architekten/in, und zwar möglichst jemanden,

- der/die nachgewiesenermaßen praktische Erfahrung mit energetischen Sanierungen hat,
- von dem/der Sie wissen, dass er/sie sorgfältig mit Ihrem Geld umgeht und gut rechnen kann,
- über ein solides Handwerkernetzwerk verfügt,
- der/die sich nicht zu schade ist, Selbstbauer anzuleiten,
- und der/die Glauben und Wissen voneinander unterscheiden kann.

Sie stellen die Rahmenbedingungen zusammen, legen Prioritäten fest, definieren die maximalen Kosten und stellen einen Zeitplan auf. Lassen Sie sich Zeit, vielleicht ein halbes Jahr oder länger, kneten Sie alle Varianten durch, fangen Sie endlich einmal an, sich mit der Vielfalt Ihrer Möglichkeiten auseinanderzusetzen, Ideen zu entwickeln. Trauen Sie sich in dieser Phase, Dinge zu denken, die Sie sich bisher nicht getraut haben. Es ist womöglich Ihre letzte Chance.

Verwerfen Sie Ideen, wenn diese endgültig zum Scheitern verurteilt sind, aber geben Sie nicht zu schnell auf. Es gibt immer eine Alternative. Planen heißt, Ideen zu entwickeln und weiter zu spinnen, beinhaltet aber auch das Verwerfen – ein ganz normaler Prozess, bei dem Sie nicht locker lassen sollten; auf jede verworfene Idee folgt eine neue, Papier ist geduldig…

Teuer wird es erst, wenn Sie später während der Bauphase Ihre Pläne ändern, weil Sie gerade noch eine Idee hatten. Planen ist planen, und Bauen ist bauen! Disziplinieren Sie sich. Am schlimmsten ist die Aussage von Bauherren: *Wenn ich es noch mal zu tun hätte, würde ich es ganz anders machen.* Dann haben Sie den Sinn von guter Planung nicht verstanden.

Gehen Sie immer wieder Ihre jetzige Wohnsituation durch und setzen Sie die Prioritäten für die Zukunft. Je nach Alter können Sie schon alles barrierefrei planen, müssen es aber auch nicht. Barrierefreiheit ist ein Nebenthema, welches man in jedem Haus relativ schnell und pragmatisch abhandeln kann.

Wir wissen aus der langjährigen Planungserfahrung, dass sich viele Bauherren und Hauseigentümer*innen viel zu wenig grundsätzliche Gedanken über ihre Wohnsituation gemacht haben und viel zu schnell mit einer Lösung kommen, ohne alle Alternativen durchgespielt zu haben. Manchmal ist es die Ungeduld oder das mangelnde Training, Wohnträume zu entwickeln: *Wie soll das denn gehen? Das geht doch gar nicht!* Geben Sie nicht so schnell auf.

Je länger und intensiver Sie sich mit der Zukunft Ihrer Immobilie beschäftigen, desto qualitativ hochwertiger wird das Ergebnis ausfallen. Sehen Sie sich gute Beispiele an, kaufen Sie auch ein paar Bücher zu dem Thema, investieren Sie ruhig ein paar hundert Euro in gute Anregungen. Sprechen Sie mit Leuten, welche die Erfahrungen, die noch vor Ihnen liegen, schon hinter sich gebracht haben.

Sie haben jetzt den Vorteil, dass Sie vielleicht schon einige Jahre oder sogar Jahrzehnte in diesem Haus wohnen. Sie kennen die Stärken und Schwächen Ihres Gebäudes und des Umfeldes ganz genau. Nutzen Sie diese Erfahrung. Es treibt Sie niemand, Sie wohnen warm und trocken, sind schon gar nicht auf der Flucht. Die Energiekosten sind zwar gerade explodiert, aber das hilft Ihnen in diesem Winter ohnehin nicht mehr. Wenn Sie die Sofortmaßnahmen (Kap. 4) umgesetzt haben, dann haben Sie immerhin schon einen guten Start hingelegt und ein erstes Trainingslager absolviert.

Kommen Sie schnell raus aus der bequemen Opferrolle und werden Sie zum lustbetonten Täter, einem, der Freude am Planen entwickelt. Belohnen Sie sich, indem Sie diesen Planungs- und Entwicklungsprozess als wohltuend für sich vollziehen und einfach verschiedene Szenarien gedanklich durchspielen. Dann sind Sie auf dem richtigen Weg. Lassen Sie sich von nichts und niemandem unter Druck setzen: Irgendwann haben Sie die Lösung.

... und dann legen Sie einfach los!

Kosten und Nutzen

Natürlich werden Sie sich die Frage stellen: *Rechnet sich das auch?* Eigentlich ist das eine ziemlich dämliche Frage, denn nichts im Leben rechnet sich – das ganze Leben kostet einfach nur Geld. Wir haben uns dummerweise angewöhnt, Energieeinsparungen oder die Erzeugung regenerativer Energien an den bisherigen Energiepreisen für Öl, Gas und konventionell erzeugtem Strom zu messen, mit dem Ergebnis, dass viele Maßnahmen *nicht wirtschaftlich* waren. Nicht umsonst gibt es die zahlreichen Förderprogramme von KfW, BAFA, dazu Anreizprogramme von Ländern und Kommunen, um diese Defizite auszugleichen.

Nun hat sich im Jahr 2022 die Situation völlig geändert: der Gaspreis beträgt ein Mehrfaches des Vorjahres, auch der Strompreis liegt so hoch wie nie zuvor. Kaum jemand hat mit diesem plötzlichen und nie dagewesenen, drastischen Preisanstieg gerechnet, und es ist zum Zeitpunkt des Erscheinens dieses Buches unmöglich, verlässliche Prognosen zur weiteren Preisentwicklung abzugeben.

Sollte es aber tatsächlich bei dem augenblicklichen Preisniveau bleiben, stellt sich die Frage nach der Wirtschaftlichkeit nicht mehr.

Dann stellen sich die Fragen neu:

- Wie hoch ist Ihr Finanzierungsspielraum?
- Wie lassen sich eventuell zusätzliche Mittel generieren, z.B. durch Verkleinerung und Vermietung der übrigen Flächen oder durch einen vermietbaren Zubau einer Wohneinheit? **Vielleicht betrachten Sie diesen Ansatz auch als Teil eines langfristigen Altersversorgungskonzeptes.**
- Wie lassen sich die Kosten auf ohnehin notwendige und wünschenswerte Schadensbeseitigung und Verbesserungen verteilen?
- Wie lassen sich ggf. die erwachsenen Erben bei fortgeschrittenem Alter der Eigentümer in die Finanzierung mit einbeziehen?

Der Nutzen der Investition sollte aber nicht nur im wesentlich geringeren Energieverbrauch, in der höheren Eigenversorgungsquote beim Strom und somit in der größeren Unabhängigkeit von Versorgungsunternehmen und politischen Unwägbarkeiten liegen, sondern Ihnen vor allem ein gutes Lebensgefühl, Sicherheit und Angstfreiheit vermitteln. Mal ehrlich: Der Großteil Ihrer jährlichen Ausgaben dient einzig und allein Ihrem Lebensgefühl, also können Sie diese Investition teilweise auch unter dieser Kategorie einordnen.

Mit der energetischen Sanierung und der damit verbundenen Verbesserung der räumlichen Qualitäten ist auch eine wesentliche Wertsteigerung Ihrer Immobilie verbunden. Auch dieser Aspekt könnte Sie motivieren und Ihre Erben beruhigen, selbst wenn Sie noch ein paar ökonomische Verbindlichkeiten mit übernehmen müssen.

In vielen Fällen wird der Etat nicht ausreichen, alle Maßnahmen gleichzeitig auszuführen. In jedem Fall sollten Sie vorrangig in die energetische Ertüchtigung der Gebäudehülle in Verbindung mit der Verbesserung der Nutzungsstruktur investieren, so dass der Energieumsatz auf ein Minimum reduziert wird. Die Wärmepumpe kann im Zweifelsfall noch warten, zumal eine berechtigte Hoffnung besteht, dass

- Wärmepumpen, wenn der momentane Ansturm und die damit verbundenen Lieferengpässe überwunden sind, eher günstiger werden,
- sich die Effizienz von Wärmepumpen in den nächsten Jahren weiter verbessern wird,
- die Handwerker sich langsam von ihren alten Heizsystemen verabschiedet haben und sich endlich auch mit Wärmepumpen gut auskennen.

Trotzdem brauchen Sie ein Grundgefühl dafür, in welchem Verhältnis Aufwand und Nutzen Ihrer Investition stehen. Es lässt sich bei allen energetisch begründeten Investitionen eine relativ einfache überschlägige Rechnung anstellen: Wenn man einer technischen Investition (wie Wärmepumpe oder Photovoltaik) eine Haltbarkeit von maximal 20 Jahren zubilligt, dann ergibt sich pro 1.000 € Investitionssumme folgendes:

Abschreibung von 1000 € auf 20 Jahre	50 €/a
Zinskosten 3% (im Mittel auf 500 €)	+ 15 €/a
Summe Kapitalkosten	**65 €/a**

Durch eine Investition von 1.000 € müssten demnach 65 €/a an Energiekosten eingespart werden, damit die Maßnahme für Sie wirtschaftlich zu Null aufgeht. Wenn Sie die Summe nicht oder günstiger finanzieren, reduziert sich der Wert entsprechend. Wenn Sie z.B. die Investition einer Wärmepumpe mit grob mit 20.000 € veranschlagen, dann müsste diese 1.300 €/a gegenüber Ihrer jetzigen Gasheizung einsparen.

Übertragen Sie diese Rechnung auf Ihre konkrete Situation: Ihr Energieverbrauch liegt derzeit z.B. bei ca. 20.000 kWh/a, die Sie beim aktuellen Gaspreis jährlich etwa 3.000 € kosten. Wenn Sie stattdessen eine Wärmepumpe für 20.000 € investieren (entsprechend 1.300 €/a) und Sie in Tab. 7.9 die Stromkosten einer Wärmepumpe in Abhängigkeit von der Jahresarbeitszahl (siehe Kap. 7.2) nachschauen, zeigt sich, dass sich die Investition ab einer Jahresarbeitszahl JAZ von 4,5 betriebswirtschaftlich lohnt, ohne Berücksichtigung von Fördermitteln oder steuerlichen Vergünstigungen.

Wenn Sie weniger Energie verbrauchen, z.B. nur 10.000 kWh/a, weil Sie Ihr Haus gut gedämmt haben, dann wird die Rechnung vielleicht nicht zu Ihren Gunsten aufgehen, weil die Kosten der kleineren Wärmepumpe max. 1.000 – 2.000 € günstiger sein werden, die technische Infrastruktur ist die Gleiche. Die Investition wird sich womöglich nur dann rechnen, wenn Sie einen Teil des Stromes über Ihre Photovoltaik selber erzeugen bzw. die Fördermittel der BAFA (siehe Kap. 8.2) mit einkalkulieren. Oder Sie sind einfach nur froh, vom Gas – woher dieses in Zukunft auch immer kommen wird – unabhängig zu sein. Dieses Vergnügen wird Sie dann monatlich vielleicht 40 - 60 € mehr kosten. Trotzdem sollten Sie die Reduzierung des Wärmebedarfes als vorrangig ansehen, um langfristig unabhängiger zu werden.

Wenn Sie diesen Ansatz auf eine Photovoltaikanlage übertragen, sieht die Rechnung folgendermaßen aus: Bis ca. 5 kW_p installierte Leistung werden Sie eine höhere Rendite aus der Anlage ziehen als bei Anlagen mit z.B. 10 kW (siehe auch Kap. 7.4), weil Sie anteilig mehr Strom selbst verbrauchen können. Andererseits: Wenn Sie schon genug geeignete Dachflächen haben, dann machen Sie *Nägel mit Köpfen*. Produzieren Sie so viel Strom wie möglich, auch wenn Sie dafür die Investition in die Wärmepumpe noch einige Zeit vor sich her schieben.

Sie können die überschlägige Investitionsrechnung aber auch auf die Maßnahmen der Gebäudehülle übertragen, dort sind Haltbarkeit und Abschreibungszeitraum länger. Ein realistischer Ansatz ist 40 Jahre. Dann sieht die Rechnung etwas anders aus:

Abschreibung 1.000 € auf 40Jahre	25 €/a
Zinskosten 3% (im Mittel auf 500 €)	15 €/a
Summe Kapitalkosten für 1.000 € Invest.	**40 €/a**

Ein Beispiel: Ihre Dachsanierung kostet Sie 40.000 € ohne Berücksichtigung von Fördermitteln. Sie müssten dann etwa 1.600 € jährlich einsparen, um eine ausgeglichene Kosten-Nutzen-Bilanz zu erhalten, Tatsächlich dürfte die Einsparung geringer ausfallen (siehe Tab. 6.19). Wenn Sie allerdings eine KfW- oder BAFA-Förderung mit einkalkulieren bzw. die Maßnahme aus Eigenmitteln oder über einen günstigen KfW-Kredit finanzieren, dann könnte die Rechnung aufgehen, und Sie kommen darüber hinaus vielleicht zu mehr Tageslicht durch neue und größere Dachflächenfenster und damit in den Genuss einer höheren Wohnqualität.

Diese Rechnungen sollen Ihnen mehr Gefühl für die ungefähren Größenordnungen vermitteln. Im Einzelfall hängen die Kosten von den individuellen Rahmenbedingungen, Ausführungsarten und -details, aktuellen Entwicklungen auf dem Bausektor etc. ab.

Noch einmal zur Größe Ihres Hauses: Vielleicht sind Ihre Kinder längst aus dem Haus oder es ist absehbar. Haben Sie schon mal darüber nachgedacht, was es Sie kostet, zwei Kinderzimmer mehr oder minder leer stehen zu lassen? Dann rechnen Sie doch einfach mal:

2 Kinderzimmer mit Nebenflächen	32 m^2
Mietwert (kalt)	9,00 €/m^2
Heiz- + Nebenkosten	4,00 €/m^2
Dauer des Leerstandes	20 Jahre

Entgangene Einnahmen durch den Leerstand:
32 x (9+4) x 12 x 20 = 99.840 € in 20 Jahren

Ein teures Vergnügen, aber auch eine Summe, die anregt, über das Abtrennen einer Einliegerwohnung nachzudenken und so eventuell die energetische Ertüchtigung Ihres Hauses mehr oder weniger zu finanzieren. Auch wenn Ihnen der Gedanke am Anfang etwas fremd ist, so erkennen Sie doch relativ schnell, dass Ihnen der Ansatz, das *tote Kapital* leerstehender Kinderzimmer zu aktivieren, eine Reihe kreativer Möglichkeiten bietet:

- Einfacher und günstiger können Sie keinen neuen Wohnraum schaffen, da die vorhandene technische Infrastruktur (Heizung, Strom, Wasser, Abwasser) und die Gebäudehülle auch für zwei Wohneinheiten nutzbar ist.
- Sie schaffen neuen Wohnraum, ohne weitere Flächenversiegelung und Klimabelastung.
- Ihre Heizkosten reduzieren sich auf vielleicht 70% der bisherigen Kosten oder weniger.
- Vielleicht sind Sie im Alter froh, nicht alleine in dem Haus wohnen zu müssen, oder Sie praktizieren das Modell *Wohnen für Hilfe*.
- Und Sie können später Ihrer Pflegerin auch gleichzeitig eine Wohnung anbieten.

Auch wenn Sie noch einige Zeit benötigen, um sich mit diesem Gedanken anzufreunden, Sie können sicher sein, es lohnt sich, sich die Zeit zu nehmen.

Und falls Ihnen zwischenzeitlich langweilig sein sollte: Misten Sie doch einfach rigeros aus, werfen Sie die Dinge, die Sie schon seit Jahren nicht mehr benutzt haben, weg oder verschenken Sie diese. Spätestens dann werden Sie feststellen, wie viel unnötigen Wohnraum Sie vorhalten.

...aus jedem Altbau lässt sich was machen!

6 Gebäudehülle

Die Reduzierung der Wärmeverluste der Gebäudehülle ist der entscheidende Faktor für einen energieminimierten Haushalt. Die wesentlichen Faktoren sind:

- die Anzahl und Größe der Hüllflächen und die Kubatur des Gebäudes,
- die Wärmedämmung der einzelnen Bauteile,
- die *passiven* Energiegewinne durch Südfenster.

Auch wenn die Gestaltung eines Gebäudes vordergründig nichts mit der energetischen Qualität einer Gebäudehülle zu tun zu haben scheint, so gibt es doch einige Faktoren, bei denen gestalterische und energetische Qualitäten in direktem Zusammenhang zu sehen sind. Am besten wird das bei dem Thema Fenster (Größe und Himmelsrichtung) und beim Dach (Nutzung und Energiegewinn) deutlich. Bei der energetischen Verbesserung der Hüllflächen handelt es sich um elementare Eingriffe und ergänzende Konstruktionen, die ursprüngliche Hülle übernimmt im Wesentlichen nur noch die Tragwerksfunktion sowie die Raumbildung. Die Hemmschwelle, intakte Bauteile abzureißen, die bereits viele Jahre überdauert haben und sogar schadensfrei sind, ist hoch. Der gefühlte Wert ist allerdings höher als der tatsächliche.

Aber Jammern hilft nicht: Um die Gebäudehülle zukunftsfest umzugestalten, ist ein (Teil-) Abschied von der Vergangenheit unumgänglich. Gleichzeitig lassen sich durch die energetische Ertüchtigung von Dach, Außenwand, Fenstern und Bodenplatte Synergieeffekte erzielen, wodurch das Gebäude funktional und gestalterisch attraktiver und somit auch werthaltiger wird.

In diesem Kapitel werden zahlreiche Verbesserungsmaßnahmen der Gebäudehülle beschrieben, die bei konsequenter Umsetzung in der Summe tatsächlich bis zu zwei Drittel des jährlichen Energieverbrauchs eines Haushaltes einsparen können. Allerdings sind die energetischen Verbesserungsmaßnahmen bis auf wenige Ausnahmen (Hohlraumdämmung und Scheibenwechsel, siehe Kap. 6.3 und 6.4) in der Regel nicht nur mit großen Investitionen, sondern auch mit Schmutz, Krach, temporärer Unbenutzbarkeit und Nervereien verbunden, was die Hemmschwelle gerade bei fortgeschrittenem Alter der Eigentümer noch erhöhen

Entwickeln räumlicher und energetischer Verbesserungen im Zusammenhang

Bauteil	Räumliche Aspekte	Energetische / konstruktive Aspekte
	Größere bzw. zusätzliche Öffnungen?	Größe der Flächen,
Außenwand	Einfluss auf Nutzung u. Sichtbeziehung	Art und Stärke des Dämmsystems,
	Herstellen neuer Raumbezüge,	Anschlüsse an andere Bauteile
	Verbessern der Raumqualität	Integration aktiver Solarelemente
	Neugestaltung der Fassade	(z.B. Photovoltaik)
	Himmelsrichtung	Himmelsrichtung
Fenster	Größe, Proportion, Teilung	Größe, Verhältnis Rahmen/Glas
	Fensterart und –material	Rahmenart, -stärke
	Flügel-/ Festverglasung	Glasqualität, U- Wert, Randverbund
	Temporäre Maßnahmen, Verschattung	Licht-/Energiedurchlass
	Nutzungsart des Dachgeschosses	Zusätzliche Dämmung
Dach	Räumliche und technische Erschließung (Leitungsführung)	Erneuerung d. Dachhaut, Anschlüsse a. Außenwände
	Tageslichtführung, Belüftung	Integration von Gauben, Dachflächenfenster
	Begradigen d. Dachkonstruktion f. optimale Photovoltaiknutzung	Einbinden und Gestalten der Solartechnik

6.1: Entwickeln des Wechselspiels von räumlichen und energetischen Verbesserungen.

mag. Und man wird bei den meisten Maßnahmen selbst bei steigenden Energiepreisen keine kurzfristige Wirtschaftlichkeit erreichen.

Allerdings macht es auch keinen Sinn, energetische Verbesserungen an der Gebäudehülle vorzunehmen, ohne die räumliche, visuelle (Tageslicht) und gestalterische Qualität zu verbessern. Nur so belohnen Sie sich, nur so entsteht Mehrwert.

Je nach den Flächenanteilen von Außenwänden, Dach, Fenstern und Fußboden fallen die Einsparungen sehr unterschiedlich aus, z.B. verfügt ein Reihenhaus gegenüber einem freistehenden Haus nur über wenig Außenwandanteil, ein Flachdach über weniger Fläche als ein Steildach.

Ermitteln Sie daher die genauen Flächenanteile von:
- Dach,
- Außenwand,
- Fenster und
- Kellerdecke/Sohlplatte.

Um ein Gefühl für potenzielle Einsparquoten zu bekommen, sind nachfolgende Bilanzierungsverfahren sinnvoll bzw. für eine KfW-Effizienzhausförderung (siehe Kap. 8.1) unbedingt notwendig. Allerdings liefern diese immer nur theoretische Werte. In der Praxis wird der Energieverbrauch sehr stark durch das Nutzerverhalten geprägt, so dass die Rechenverfahren nur einen Anhaltspunkt für die Größenordnung der Einsparungen vermitteln.

6.1 Überschlägige Berechnung des Einsparpotentials

Der Wärmedurchgangskoeffizient

Der Maßstab für die Wärmedurchlässigkeit eines Bauteils ist der Wärmedurchgangskoeffizient, kurz U-Wert genannt. Der U-Wert gibt den Wärmestrom (in Watt) an, der bei 1 Grad Temperaturdifferenz durch 1 m² großes Bauteil fließt. Er hat die Maßeinheit Watt pro Quadratmeter und Grad Kelvin, kurz W/(m²·K). Je besser die Wärmedämmung, umso niedriger ist der U-Wert eines Bauteils und umso geringer ist der Wärmeverlust durch dieses Bauteil. Die Wärmeleitfähigkeit λ charakterisiert die Eigenschaft eines bestimmten Baustoffes, Wärme zu transportieren (leiten). Die Einheit von λ ist W/mK.

Vereinfachte U-Wert-Ermittlung in W/m²K

λ	Dämmstärke in cm					
W/mK	30	26	18	14	10	6
0,050	0,17	0,19	0,28	0,36	0,5	0,83
0,044	0,15	0,17	0,24	0,31	0,44	0,73
0,040	0,13	0,15	0,22	0,29	0,40	0,67
0,035	0,12	0,13	0,19	0,25	0,35	0,58
0,032	0,11	0,12	0,18	0,23	0,32	0,53
0,028	0,09	0,11	0,16	0,20	0,28	0,47
0,024	0,08	0,09	0,13	0,17	0,24	0,40

6.2: Überschlägige U-Werte in Abhängigkeit von Dämmstoffdicke und Wärmeleitfähigkeit.

Je kleiner λ, umso besser ist der Baustoff als Dämmstoff geeignet. Das Spektrum der meisten heute verwendeten Dämmstoffe bewegt sich zwischen λ-Werten von 0,050 - 0,024 W/mK. Diese Werte entsprechen den Wärmeleitgruppen (WLG) 050 bis 024.

Ein Bauteil mit einem **U-Wert von 1** entspricht einem Nettoenergiebedarf von 66 kWh/m²a Wärme, bei Berücksichtigung der im Gebäudeenergiegesetz (GEG) hinterlegten Klimadaten. Rechnet man die Systemverluste der Heizanlage (ca. 10%) hinzu, so entsteht ein Faustwert von ca. 7 l/m² Heizöl oder 7 m³/m² Erdgas pro Jahr. Dieser Wert kann im Einzelfall abweichen, aber er ist als Faustwert geeignet, um ein Gefühl für die Dimension von Wärmeströmen und den damit verbundenen Kosten zu bekommen.

Ein Beispiel: Der U-Wert einer bestehenden ungedämmten, 24 cm dicken Außenwand liegt z.B. bei 1,20 W/m²K. Nach der Sanierung mit einer wärmegedämmten Vorhangfassade soll diese einen U-Wert von 0,20 W/m²K erhalten (förderfähige Mindestanforderung).

Die Rechnung sieht folgendermaßen aus:
(1,2-0,2) x 66 x 1,1 x 0,15 (0,10) €/kWh (Gas) = 10,90 (7,30) € jährliche Einsparung pro m² Außenwandfläche.

Bilanzierungsverfahren gemäß GEG

Um den Energieverbrauch eines Hauses zu ermitteln, gibt es ein Rechenverfahren, welches seit drei Jahrzehnten angewendet und seitdem regelmäßig modifiziert worden ist. Dieses basiert seit 2020 auf den Richtlinien des GebäudeEnergieGesetzes (GEG früher EnEV) und bilanziert den Wärme- und Warmwasserbedarf des Gebäudes einschließlich des Stromverbrauches zum Betrieb von Heizung und Pumpenantrieben, dem sogenannten Hilfsstrom.

Der Wärmebedarf wird aus der Summe aller Außenflächen von beheizten Räumen ermittelt. Diese werden dann mit den entsprechenden Wärmedurchgangswiderständen, dem sogenannten U-Wert multipliziert und mit entsprechenden Aufschlägen für Wärmebrücken versehen, z.B. für Schwachstellen an Gebäudeecken und Fensteranschlüssen. Ferner werden die winterlichen Wärmeverluste durch die Lüftung quantifiziert (theoretischer Luftwechsel/h). Hier wird ein Luftwechsel von 0,6/h zugrunde gelegt, was im Hinblick auf die meisten heutigen Wohnverhältnisse sehr großzügig bemessen ist.

Wie ermitteln Sie konkret den tatsächlich notwendigen Luftwechsel bei folgenden Vorgaben?

- Volumen der Wohnung 100 m^2 250 m^3
- Anzahl der Personen 3
- Hygienisch erforderl. Luftwechsel 30 m^3/Pers.
- Durchschnittliche Verweildauer 12 h/täglich

Tatsächlich erforderliche Luftwechselrate:
(3 x 30 x 12/24) / 250 = 0,18/h Wert gem. GEG = 0,6/h
Gemäß GEG wäre ein Luftwechsel von 0,6/h nötig.
Somit hängt der tatsächliche Luftwechsel von der Nutzungsintensität ab. Ein berufstätiger Single, der abends noch aushäusigen Aktivitäten nachgeht, benötigt im Tagesmittel nur einen Bruchteil dessen, was eine Rentnerin, die sich den ganzen Tag über in der Wohnung aufhält und womöglich auch noch raucht, an Luftwechsel benötigt.

Als Heiztemperatur werden in diesem Verfahren 19°C zugrunde gelegt, wobei die Behaglichkeit bei gut gedämmten Gebäuden (= hohe innere Oberflächentemperatur der Außenflächen) gewährleistet ist, während es bei schlecht gedämmten Häusern (= niedrige innere Oberflächentemperatur der Außenflächen) bereits ziemlich ungemütlich sein kann. In den meisten Wohnungen in Deutschland sind Temperaturen von 20 - 22°C üblich.

Die Berechnung der Heizlast erfolgt auf der Basis der Klimadaten von Potsdam, die aber nur bedingt die örtlichen Verhältnisse abbilden. Allein die mikroklimatische Situation (Windexposition und winterliche Besonnung eines Hauses) können eine Streuung von bis zu ± 20% bewirken.

Welchen Einfluss wird der Klimawandel auf die Heizlast haben? Wir können mit Sicherheit davon ausgehen, dass die Heizlast aufgrund des Temperaturanstieges (von dem ja alle hoffen, dass er 1,5°C nicht überschreitet) in den nächsten zwei Jahrzehnten um etwa 10% Prozent abnimmt, dafür aber die Kühllast im Sommer zunehmen wird.

Im GEG ist auch ein fester Wert für den Warmwasserbedarf von 12,5 kWh/m^2a festgeschrieben. Diese Festlegung hat man zur allgemeinen Vergleichbarkeit von Wohngebäuden getroffen, ist aber im Einzelfall nicht aussagekräftig, da die Personenzahl und das Nutzerverhalten entscheidend sind (siehe Kap. 4.2 Warmwasser). Verfügen Sie über eine große Wohnfläche, erhöht sich automatisch Ihr Warmwasserbedarf (12,5 x Anzahl der m^2). Es kann durchaus sein, dass Sie durch Eingabe einer thermischen Solaranlage ins Berechnungsprogramm automatisch in eine bessere Effizienzklasse gelangen. Wenn Sie Ihr Haus aber nur mit zwei Personen bewohnen und nur sparsam duschen, wäre eine solche Maßnahme ein ökonomischer Blödsinn. Hier steht *gesunder Menschenverstand* gegen *Förderkonditionen.*

Das GEG-Berechnungsverfahren liefert diesen theoretischen Energiebedarf zwecks Vergleichbarkeit von Gebäuden untereinander, der nicht notwendig mit dem individuellen Verbrauch übereinstimmt. Diverse Untersuchungen belegen, dass dieser im Einzelfall sehr weit (bis zu 100%) nach oben oder unten abweichen kann. Das Verfahren stellt jedoch die verbindliche Rechengrundlage zum Erreichen eines *KfW-Effizienzhausstandards* (siehe Kap. 8) dar und ist bei Beantragung der Fördermittel zwingend anzuwenden.

6.2 Vorgehen bei der Sanierungsplanung

Grundsätzlich empfiehlt sich die Erstellung einer umfassenden Sanierungsstrategie, die zuerst die Gebäudehülle betrifft und in einem zweiten Schritt auch die Energietechnik. Wenn man die Anforderungen der Fördermittelgeber (z.B. KfW, BAFA) kennt, kann man seine Strategie entsprechend ausrichten. Nehmen Sie sich richtig viel Zeit dafür und suchen Sie sorgfältig nach einem/r Energieberater/-in, der/die die vorgegebenen Annahmen auf Ihre individuellen Verhältnisse abstimmt und kreativ umsetzt (siehe Kap. 8).

Bevor man sich mit den einzelnen Bauteilen der Gebäudehülle beschäftigt, ist die Grundsatzfrage der zukünftigen Nutzung von entscheidender Bedeutung. Gerade wenn man eine umfassende Sanierung der Gebäudehülle plant, wird damit für die nächsten 20 Jahre voraussichtlich der letzte größere Eingriff verbunden sein und man sollte die Gelegenheit nutzen, die Nutzungsstruktur des Gebäudes auf den Prüfstand zu stellen. Auch wenn Sie sich bisher mit diesem Gedanken nicht oder nur am Rande beschäftigt haben, spielen Sie diese Möglichkeit wenigstens einmal durch. Die Argumente finden Sie in Kap. 2 und 5.2.

Die entscheidenden Fragen lauten:

- Wie viel Wohnraum nutzen Sie aktiv?
- Wie lange sind Ihre Kinder noch zu Hause oder sind die schon weg?
- Welche grundsätzlichen Teilungen können Sie sich vorstellen: horizontal oder vertikal?
- Lässt sich evtl. noch etwas anbauen und das Grundstück besser ausnutzen?

Sie müssen darüber jetzt nicht nachdenken, wenn die Zeit dafür nicht reif ist. Aber Sie sollten keine grundlegende energetische Sanierung Ihres Gebäudes vornehmen, ohne diese Option in Ihr Planungskonzept mit einzubeziehen.

Und denken Sie noch einmal über den Charakter Ihres Hauses nach!

- Aus welchem Baujahr stammt Ihr Haus und mit welchen alterstypischen Konstruktionen und Stilelementen ist umzugehen?
- Wenn es an Ihrem Haus Stilelemente gibt, die Sie schon immer gestört haben, lassen sich diese vielleicht im Rahmen der Sanierung ändern oder beseitigen?
- Könnte Ihr Haus eine optische Erfrischung mit zeitgemäßen Stilelementen vertragen?
- Was ist Ihnen das wert?

Ein kleiner Exkurs

(ohne Anspruch auf Vollständigkeit)

Die **Gebäude der 1950er Jahre** sind geprägt durch Wohnraumnot, Sparsamkeit und Rohstoffmangel. Sie haben in der Regel eher kleine, einfache und funktionale Grundrisse und materialminimierte Konstruktionen mit geringen Deckenspannweiten – die Materialknappheit zwang zur absoluten Disziplin. Die Fenster bestehen aus Holz, häufig mit Sprossen und Einfachverglasung, Putz- und Stuckornamente fehlen fast völlig. Das Bad ist klein, die Heizung erfolgte mittels Einzelöfen, Dämmung und Schallschutz waren Fremdworte.

Die **Bauten der 1960er Jahre**: Die absolute Sparsamkeit ist vorbei, man befreit sich langsam von der konstruktiven Disziplin, die Gebäude werden heterogener, die Materialien vielfältiger, Grundrisse und Fensterflächen großzügiger. Amerika wird zum Vorbild in Stil- und Lebensfragen. Flachdachbungalows mit breiter Attika entstehen. Die Zentralheizung wird Standard, durch die niedrigen Brennstoffpreise bleibt Wärmedämmung ein Fremdwort.

Die **Bauten der 1970er Jahre**: Aufbruch und Zügellosigkeit beginnen, neue Rechen- und Nachweisverfahren ermöglichen abenteuerliche Stahlbetonkonstruktionen, was in größeren Deckenspannweiten und Unter- und Überzügen aus Stahlbeton zum Ausdruck kommt; es beginnt die Zeit der *offenen* Grundrisse. Die Anzahl der Stilelemente aus anderen Ländern (Skandinavien, Südeuropa etc.) nimmt zu, die Ölkrise von 1973 führt zu ersten ernsthaften Wärmedämmmaßnahmen.

In den 1980er Jahren wird es eher wieder ein wenig sachlicher, allererste Ansätze energiesparender Konstruktionen sind erkennbar.

Fazit: Je einfacher und klarer die Grundstruktur eines Gebäudes ist, desto mehr Optionen bestehen für eine energetische Sanierung und Neugestaltung. Die Gebäude der 1950er Jahre sind die dankbarsten Sanierungsobjekte.

Sanierungsplanung

Eine grundsätzliche Auseinandersetzung mit der Bausubstanz und Bestandsanalyse ist vor jeder Neubearbeitung vorzunehmen. So erhält man wichtige Anhaltspunkte für die konstruktiven, energetischen, gestalterischen und ökonomischen Spielräume:

- Wenn die Beurteilung der Bausubstanz, Konstruktionsart (z.B. massiv, Fachwerk, Holztafel) und Funktion (tragend oder nicht tragend) geklärt ist, müssen die einzelnen Schichten sorgfältig analysiert und auf ihren zukünftigen Wert hin überprüft werden.
- Welche Bauteile (Wände, Decken, Dach) sind konstruktiv, raumbildend und gestaltprägend notwendig und erhaltenswert, welche Schichten können überbaut und welche auch einfach abgerissen werden?
- Gibt es Tragwerksreserven, können Wände und Decken ggf. zusätzliche Lasten aufnehmen?
- Was ist bei einem Ausbau des Dachgeschosses wie auch beim Vergrößern der Fenster, bei Wanddurchbrüchen o.ä. von Bedeutung? Wie und mit welchem Aufwand können notwendige Tragwerksverstärkungen erfolgen?
- Gibt es Feuchtigkeit im Haus, Wassereintritt von außen, z.B. durch Schäden an der Dachrinne, durch Putzschäden, Spritzwasser im Sockelbereich und (bei erdberührten Wänden) unzureichende Abdichtung gegen Bodenfeuchtigkeit und drückendes Wasser etc., sowie Schlagregen (Wetterseite), kondensierende Feuchtigkeit von innen (z.B. in Bädern und Schlafzimmern, wenn nicht ausreichend gelüftet wird), aufsteigende Feuchtigkeit von unten (z.B. durch eine fehlende oder beschädigte horizontale Sperrschicht)?
- Luftdichtheit der Gebäudehülle: Eine Anforderung, die erst in den letzten zwei Jahrzehnten eine besondere Aufmerksamkeit erhalten hat, nachdem sich die Erkenntnis verfestigt hat, dass weniger die Dampfdiffusion zu Feuchtigkeitsansammlungen in einer Konstruktion führt, sondern die Konvektion durch klaffende Fugen und Leckagen. Das betrifft weniger die Flächen, die, wie z.B. der Innenputz, eine ausreichende Luftdichtheit bietet, als vielmehr die Übergänge zu anderen Bauteilen. Anschlussfugen wie z.B. zu Fenstern, Fußböden, Dächern, Decken (insbesondere Holzbalkendecken) sind häufig sehr undicht, so dass diese Anschlusspunkte auf mögliche Wärmeverluste und Konvektionsschäden zu überprüfen und Leckagen im Rahmen der Sanierung sorgfältig abzudichten sind.
- Welche Stoffe sollten unbedingt entsorgt werden (z.B. alte, lungengängigen Mineralfasern und asbesthaltige Plattenwerkstoffe, die bis ca. 1995 im Handel waren)? Diese sind entweder kontrolliert zu entsorgen oder so zu kapseln, dass keine Feinfasern emittiert werden können. Wenn möglich, sollten alte Dämmungen gegen neue, hochwertigere Materialien ersetzt werden. Die Wärmeleitgruppe des Dämmstoffes (siehe Tab. 6.2) wirkt sich erheblich auf die Stärke der Sanierungskonstruktion aus.
- Ist ein ausreichender Wetterschutz gewährleistet? Wird dieser (z.B. Außenputz) durch die nachträgliche Kern- oder Innendämmung thermisch höher beansprucht, so ist eine Haarrissbildung kaum vermeidbar, was neben dem optischen Mangel evtl. eine höhere Feuchtigkeitsaufnahme durch Schlagregen zur Folge hat. Für Innendämmungen ist eine hohe Wandtrockenheit notwendig, Außendämmungen sind eher in der Lage, horizontale Restfeuchte über Diffusion abzuführen. Nicht ausreichender Spritzwasserschutz sollte bei nachträglichen Außendämmungen im Rahmen der neuen Sockelausbildung hergestellt werden, ansonsten sind Abdichtungen auf Anstrich- oder Verkieselungsbasis möglich.
- Nachträgliche Außenwand- und Aufdachdämmung führen zu aufwändigen Konstruktionsdetails an Fenstern, Traufe, Giebel und Dachüberständen. Ferner sind die Wärmebrücken zu beachten, die durch auskragende und durchbindende Bauteile (Balkone etc.) verursacht wer-

den. Der Kostenaufwand für die Lösung der Anschlusspunkte liegt unter Umständen weit über den Kosten für den Regelaufbau.

- Sind Brand- und Schallschutz hinreichend gewährleistet? Bei brennbaren Außenverkleidungen (z.B. Holz) gelten in den einzelnen Bundesländern unterschiedliche Mindestabstände. Bei Ziegel- und Putzfassaden, die nicht von außen verkleidet werden, wird das Brandrisiko durch Hohlschichtverfüllung oder Innendämmung nicht erhöht. Der Schallschutz von massiven Außenwänden ist in der Fläche in der Regel ausreichend. Bei Leichtbaukonstruktionen (wie bei älteren Fertighäusern) bewirkt die Verbesserung des Wärmeschutzes in den meisten Fällen auch einen verbesserten Schallschutz.
- Verändert sich durch eine dicke Außenwanddämmung z.B. der Grenzabstand zum Nachbarn, ist die Zulässigkeit beim zuständigen Bauordnungsamt zu klären. Hier erfahren Sie auch, ob die Fassade unter Denkmal- oder Ensembleschutz steht und welche Auflagen damit verbunden sind.
- Baustellenlogistik: Kann, soll, muss die Sanierung im bewohnten oder unbewohnten Zustand erfolgen, lassen sich Schmutz, Lärm und Funktionseinschränkungen während der Bauphase kompensieren bzw. ertragen? Lagerung von Baumaterial, Aufstellen eines Kranes, Gewichtsbeschränkung auf der Straße?

Nach der Bestandsaufnahme sollten erste energetische Grundsatz- und Zielentscheidungen zur zukünftigen Nutzungsstruktur Ihres Gebäudes, dem angestrebten Energiestandard und Dämmkonzept erfolgen. Dabei ist sehr sorgfältig abzuwägen, da

- Fassaden-, Fenster-, und Dachgestaltung,
- maximale Dämmstoffstärken und Materialprioritäten,
- bauphysikalische Randbedingungen,
- wärmebrückenreduzierte Fenster-, Dach-, Sockel- und Balkonanschlüsse,
- sowie das Investitionsvolumen, Kosten-Nutzen-Verhältnis (Einzel- und Gesamtmaßnahme)

in die Entscheidung eingebunden werden müssen. Mit Ausnahme der nachträglichen Hohlraumverfüllung sind die Kosten für die konstruktiven und peripheren Maßnahmen (Fassade, Dacheindeckung, Anschlussdetails, Gerüst etc.) wesentlich höher als für die Dämmung als solche.

Eigenschaften von Dämmstoffen

		Wärmeleitfähigkeit W/m²K	Primärenergie kWh/m³	CO_2-Emission kg/m³	Kosten €/m³
Nachwachsende Dämmstoffe	Schafwolle	0,036	16-32	26 - 53	220 - 300
	Hanf	0,041	19-32	32 - 53	130 - 160
	Flachs	0,039	19-32	32 - 53	180 - 280
	Holzfaser flexibel	0,040	19-39	32 - 65	150 - 200
	Holzweichfaserplatte	0,04	232 - 581	387 - 968	300 - 350
	Zellulose	0,039	27 - 39	45 - 65	60 - 80
	Kork	0,040	25 - 174	42 - 290	500 - 600
Mineralische Dämmstoffe	Blähperlit	0,05	35 - 62	58 - 103	140 - 170
	Steinwolle	0,035 - 0,032	58 - 171	97 - 285	80 - 100
	Glaswolle	0,035 - 0,032	96 - 194	161 - 323	80 - 100
	Schaumglas	0,050 - 0,042	290 - 619	484 - 1.032	800 - 1.000
Synthetische Dämmstoffe	expand.Polystyrol	0,035	77 - 294	129 - 490	90 - 120
	extrud. Polystyrol	0,032	174 - 387	290 - 645	200 - 240
	PU-Hartschaum	0,024	310 - 592	516 - 968	300 - 360

6.3: Eine Auswahl nachwachsender, mineralischer und erdölbasierter Dämmstoffe (CO_2 und Primärenergie: Quelle UBA).

Grundsätzliches zur Wärmedämmung

Es gibt heute mehr Dämmmaterialien denn je auf dem Markt, die sich im Wesentlichen nach drei Kategorien bewerten lassen:

- **Herkunft und Zusammensetzung:** In den letzten Jahren hat der Trend zu Dämmstoffen aus nachwachsenden Rohstoffen stark zugenommen: Ende des letzten Jahrhunderts wurden hauptsächlich Zellulosedämmungen und vereinzelt auch Korkdämmungen angeboten, dagegen gibt es heute eine Vielzahl von Materialien wie Holzfasermatten und Platten, Hanf, Flachs, Seegras, Stroh, Schafwolle etc. Die gebräuchlichsten Dämmstoffe sind immer noch Platten und Matten auf mineralischer Basis, wie Stein- und Glaswolle, aber auch erdölbasierten Dämmstoffe wie Polystyrol- Hartschaumplatten oder Polyurethan Hartschaumplatten. Nachwachsende Dämmstoffe verfügen aber hinsichtlich Herstellung und späterer Entsorgung über eine wesentlich bessere Energie- und CO_2-Bilanz (siehe Tab. 6.3). Energieintensive Dämmstoffe (wie Schaumglas, PU-Schäume oder auch Holzfaserdämmplatten) sind für extreme Dämmstärken (jenseits von 30 cm) ungeeignet, da dann die graue (Herstellungs-) Energie höher ist als die zusätzliche Einsparung.
- **Konstruktive Eigenschaften und Verarbeitung:** Der Einsatz nachwachsender Dämmstoffe erfordert bei Planung und Ausführung eine höhere Sorgfalt, da diese feuchtigkeitsempfindlich und meistens nicht verrottungsfest sind. Aufgrund der etwas geringeren Dämmeigenschaften gegenüber mineralischen und erdölbasierten Dämmstoffen entstehen auch dickere Dämmpakete. Allerdings lassen sich manche Dämmlösungen (z.B. Sockelbereich oder Kerndämmungen) nur mit mineralischen bzw. feuchtigkeitsresistenten erdölbasierten Dämmstoffen ausführen.
- **Kosten:** Nachwachsende Dämmstoffe sind immer noch wesentlich teurer als konventionelle, die Verarbeitung in der Regel aufwändiger. Da aber der Dämmstoffpreis bei einer Sanierungskonstruktion nur einen geringen Teil der Gesamtkosten ausmacht, erhöhen sich die Gesamtkosten einer Komplettsanierung im Bereich von 5 - 10%. Die Wahl ist also eher eine Frage von Konsequenz und Grundhaltung.

Eine ausführliche Zusammenstellung nachwachsender Dämmstoffe findet man unter: https://www.fnr.de/fileadmin/allgemein/pdf/broschueren/Brosch_Daemmstoffe_2020_web.pdf

6.3 Außenwand-Dämmung

Die energetische Ertüchtigung einer Außenwand beinhaltet auch immer eine klare Aussage zur Funktion und Gestaltung:

- Soll oder muss das äußere Erscheinungsbild der Fassade erhalten bleiben?
- Oder ist mit der energetischen Verbesserung auch eine neue, zeitgemäße Gestaltung erwünscht?
- Die Fassadensanierung steht dabei immer im Zusammenhang mit der Sanierung, Erneuerung oder sogar Neugestaltung der Fenster (vgl. Kap. 6.4). Bei dieser Grundsatzentscheidung prüfen Sie bitte,
  - ob baurechtliche Belange hinsichtlich eventuell vorhandener Gestaltungsvorgaben oder Unterschreitungen von Grenzabständen (bei Dämmung von außen) betroffen sind,
  - ob zusätzliche Brandschutzanforderungen (Abstandsflächen und Baustoffklassen) zu erfüllen sind und
  - ob die vorhandene Außenwand konstruktiv und bauphysikalisch geeignet ist, das entsprechende Dämmsystem aufzunehmen.

Vor der eigentlichen Planungsphase lohnt es sich, bei Änderung des äußeren Erscheinungsbildes mit dem zuständigen Bauordnungsamt die Handlungsspielräume auszuloten.

Als Herausforderung erweisen sich ungedämmte zweischalige Ziegelfassaden, bei denen die Luftschichtdicke (in der Regel 5 - 8 cm) die maximal mögliche Dämmstärke und damit den Dämmwert vorgibt. Eine darüber hinausgehende Verbesserung ist dort nur mit einem sehr hohen Aufwand möglich, wie dem Abriss einer an sich funktionsfähigen und werthaltigen Fassade. Eine solche Entscheidung fällt leichter, wenn ohnehin größere Öffnungen oder Veränderungen der Fassadengestaltung beabsichtigt sind. Ein begrenzter Dämmstandard – infolge gewünschter oder vom Denkmalschutz geforderter Fassadenerhaltung – lässt sich aber in vielen Fällen durch Kompensationsmaßnahmen bei anderen Bauteilen und bei der Haustechnik ausgleichen.

Dämmung einer Außenwand (Vorhangfassade/WDVS)

Größe der Außenwandfläche			100	m²
U-Wert Bestand:			1,2	W/m²K
U-Wert neu:			0,2	W/m²K
Überschlägige Einsparung:			6.897	kWh/a
Einsparung €/a	Gaspreis €/kWh	0,15	**1.035**	€/a
	Gaspreis €/kWh	0,10	**690**	€/a

6.4: Überschlägige Einsparung bei der nachträglichen Dämmung der Außenwand.

Außendämmung

Die nachträgliche Dämmung von außen bietet die allergrößten energetischen, bauphysikalischen und gestalterischen Möglichkeiten. Allerdings ist sie auch mit den höchsten Kosten verbunden; die Dämmung selber ist preisgünstig, Unterkonstruktion und neue Außenhaut machen den Großteil der Kosten aus.

Außen liegende Dämmsysteme lassen sich weitestgehend wärmebrückenfrei auf die vorhandene Wandkonstruktion aufbringen. Sie stellen bauphysikalisch die problemloseste Lösung dar. Die für den Temperaturausgleich notwendige Speichermasse befindet sich auf der warmen Innenseite und dient sowohl als diffusionshemmende wie auch als luftdichtende Schicht. Gleichzeitig wird der Taupunkt der vorhandenen Außenwand soweit nach außen verlagert, so dass die Wand dauerhaft austrocknen kann.

Für die Wahl des Dämmsystems ist die Art der späteren Fassadengestaltung entscheidend. Eine Putzfassade lässt sich am einfachsten durch ein Wärmedämmverbundsystem (WDVS) erreichen, Holz- oder Plattenwerkstofffassaden werden als sog. Vorhangkonstruktionen ausgeführt, von einer nachträglich vorgesetzten Ziegelfassade ist aus Kostengründen und wegen einer Reihe konstruktiver Klimmzüge abzuraten.

Hohlraumdämmung

Das zweischalige Mauerwerk mit Luftschicht hat seinen Ursprung in der Erkenntnis, dass ein Verblendmauerwerk zwar vor Regen schützt, die äußere Mauerschale bei Schlagregen aber durchfeuchtet. Die Luftschicht hatte also die Funktion, die Innenschale trocken zu halten und gleichzeitig die eingedrungene Feuchtigkeit abzuführen bzw. abtrocknen zu lassen. Bis zu Beginn der 1970er Jah-

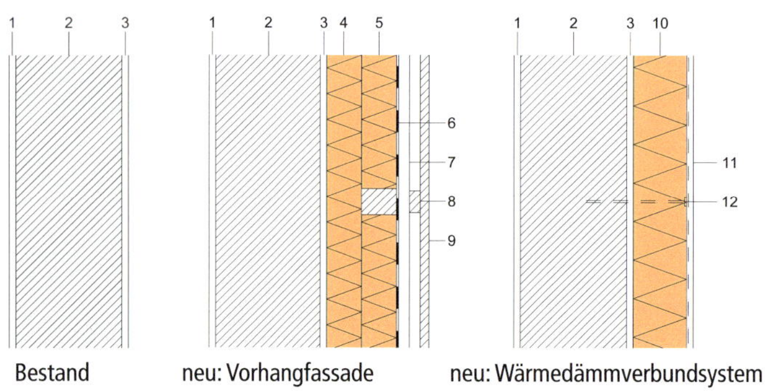

1 Innenputz
2 Mauerwerk
3 Außenputz
4 Dämmung zwischen Kanthölzern vertikal
5 Dämmung zwischen Kanthölzern horizontal
6 Folie, UV-beständig und diffusionsoffen
7 Lattung
8 Traglattung
9 Holzschalung vertikal
10 Dämmplatten
11 Armierputz m. Gewebeeinlage u. Oberputz
12 Dübel: WDVS sind auf Putz o. Anstrichen immer zu dübeln

6.5: Regelaufbauten für nachträgliche Außenwanddämmung.

re wurden diese Wandaufbauten insbesondere in wind- und regenreichen norddeutschen Küstenregionen ausgeführt, auch bei Putzfassaden der 1930 - 1950er Jahre findet man die Hohlschicht vor. Somit ist die wichtigste Voraussetzung für die Verfüllung des Hohlraumes mit Dämmstoff, dass dieser feuchtigkeitsresistent ist. Ferner ist eine geringe Wärmeleitgruppe wichtiger als bei anderen Maßnahmen, da die Dämmschichtdicke durch den Hohlraum begrenzt ist. Für die bestehenden Wände sind folgender Aufbauten typisch:

- 1,5 cm Innenputz – 24 cm Hochlochziegel – 4-10 cm Luftschicht – 11,5 cm Verblendmauerwerk

oder:

- 2,0 cm Innenputz – 11,5cm Mauerwerk – 4 - 10 cm Luftschicht – 11,5 cm Mauerwerk – 2,0 cm Außenputz.

Mit diesen Wandaufbauten wird in der Regel ein U-Wert von ca. 1,2 - 1,4 W/m²K erreicht. Alle in Betracht kommenden Dämmstoffe und ihre thermischen Eigenschaften sind der Tabelle 6.8 zu entnehmen. Diese zeigt auch die Grenzen der nachträglichen Hohlraumverfüllung. Eine weitere Dämmung der Außenwände ist nicht vorgeschrieben, auch wenn die sonst bei einer Außenwandsanierung geforderten U-Werte überschritten werden. Bei Inanspruchnahme einer BAFA-Einzelmaßnahmenförderung wird keine Mindestdicke, sondern ein Dämmstoff der Wärmeleitgruppe ≤ 035 gefordert, die mittlerweile von den meisten Produkten erreicht wird. Mit Abstand die besten Werte erreichen die Aerogel-Granulate (WLG 018 bis 021). Allerdings liegt der

Dämmung einer Außenwand (Einblasdämmung)				
Größe der Außenwandfläche			100	m²
U-Wert Bestand:			1,2	W/m²K
U-Wert neu:			0,45	W/m²K
Überschlägige Einsparung:			4.901	kWh/a
Einsparung €/a	Gaspreis €/kWh	0,15	**735**	€/a
	Gaspreis €/kWh	0,10	**490**	€/a

6.6: Überschlägige Einsparung bei der nachträglichen Hohlwanddämmung.

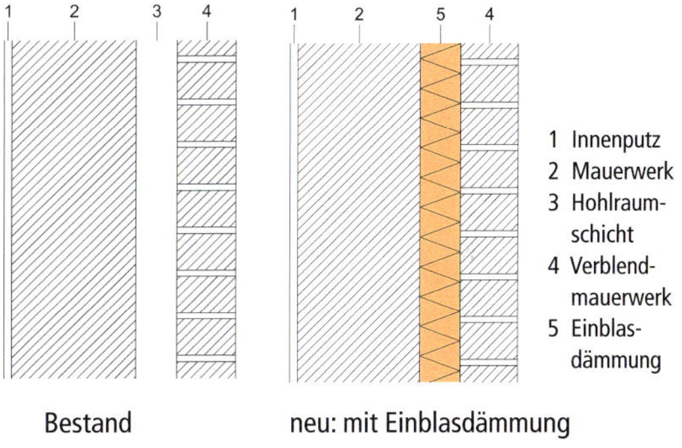

6.7
Regelaufbau bei nachträglicher Hohlwanddämmung.

Material Ungedämmte Wand U=1,4 W/m²K	Produktname	λ W/mK	Baustoff- Klasse	Schüttgewicht kg/m³	max. Dämmwerte W/m²K 4	6	8	10 cm
Polystyrol-Partikelschaum-Granulat	RigiBead P, Granublow	0,033	B2	20	0,52	0,39	0,32	0,27
	H2 Wall	0,033	B2	16 - 18	0,52	0,39	0,32	0,27
Mineralwollfasern	Supafill cavaty wall	0,035	A1	30 - 40	0,54	0,41	0,33	0,28
kunstharzgeb.Steinwoll-Granulat	Fill Rock RG Plus	0,035	A1	80 - 150	0,54	0,41	0,33	0,28
Silikatschaum-Granulat	SLS 20	0,035	A1	20 - 30	0,54	0,41	0,33	0,28
Silikat-Aerogel	Aerogel-Granulat P400	0,021	B1	60 - 80	0,38	0,28	0,22	0,18
	Agitec Aerogel-Granulat	0,018	B1	85 - 95	0,35	0,26	0,20	0,17

Hohlraumdämmung

6.8: Erreichbare U-Werte bei Hohlraumdämmung in Abhängigkeit von Dämmstoff und Hohlraumbreite.

Preis nahezu beim 10 - 15fachen der übrigen Produkte. Das erscheint beim ersten Hinsehen sehr viel, relativiert sich aber, da nur relativ geringe Mengen zum Einsatz kommen. Bei sehr schmalen Luftschichten (≤ 4 cm) erscheint das Einblasen von Aerogel-Granulat im Vergleich zur Innendämmung durchaus überlegenswert.

Bevor eine Hohlraumverfüllung vorgenommen wird, ist eine sorgfältige endoskopische Untersuchung notwendig. Diese beinhaltet u.a.

- die Ermittlung der zur Verfügung stehenden Hohlschichtstärke,
- die Bestimmung von Anzahl und Zustand der Mauerwerksanker und der durchbindenden Mauersteine,
- die Kontrolle auf Mörtel- und Steinreste im Sockelbereich und an den Gebäudeecken und
- die Prüfung auf Durchfeuchtung des Mauerwerkes.

Bei diffusionsdichten Anstrichen von Putzflächen muss der Anstrich entfernt und durch einen diffusionsoffenen ersetzt werden. Das Einblasen kann sowohl von innen wie auch von außen vorgenommen werden. Zu beachten ist das Ausrieseln bei nachträglichen Öffnungen.

- Es muss sichergestellt werden, dass beim Einbringen der Dämmung alle Risse und Undichtigkeiten, wie offene Stoßfugen, Anschlüsse von Fenstern, einbindende Innenwände und vor allem die Mauerkronen verschlossen werden, um ein unkontrolliertes Entweichen des Dämmstoffes (vor allem bei Perlite, Silikatleichtschaum-Granulat und Nanogel) zu verhindern. Die Öffnungen sind luftdicht und diffusionsoffen zu verschließen.
- Mörtel- und Steinreste sowie eingedrungenes Wurzelwerk sollten durch punktuelles Öffnen der Außen- oder Innenschale entfernt werden. Dieser Aufwand ist manchmal teurer als das Einblasen selbst.

Innendämmung

Die Innendämmung wird vor allem dort eingesetzt, wo die Fassade erhalten werden muss oder soll (z.B. Denkmalschutz, Fachwerkwände etc.), wenn einzelne Räume schnell aufheizbar sein sollen (z.B. Gästezimmer) oder einzelne Räume nacheinander modernisiert werden sollen. Sie galt bis vor ein paar Jahren als bauphysikalisch problematisch bzw. als energetische Notlösung, wenn keine Außendämmung möglich war. Mittlerweile sind die Dampfdiffusionsverhältnisse einer von innen gedämmten Wand weitestgehend erforscht, so dass zahlreiche neuere Produkte und Systemaufbauten diesem Erkenntnistand Rechnung tragen. Allerdings muss bei allen Innendämmungen ein unvermeidbarer Anteil von Wärmebrücken infolge einbindender Innenwände und Decken in Kauf genommen werden.

Als Ziel jeder Innendämmung ist daher eher eine schadensfreie Konstruktion zu sehen als die Maximierung der Wärmedämmung. Im Gegensatz zur Außendämmung ist der Abtransport von Feuchtigkeit nach außen gehemmt, so dass das Eindringen von Raumluftfeuchte in die Wand (bzw. allgemein

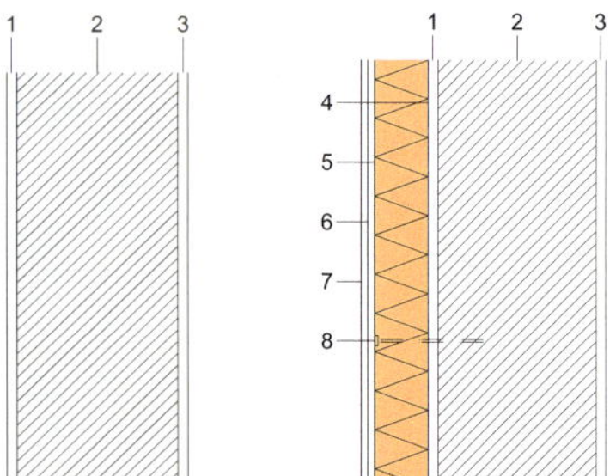

Bestand — neu: mit Innendämmung

1 Innenputz
2 Mauerwerk
3 Außenputz
4 Klebemörtel
5 Holzfaserdämmplatten
6 Lehmunterputz
7 Lehmfeinputz
8 Dübel

6.9: Regelaufbau für nachträgliche kapillaraktive Innendämmung.

Dämmung einer Außenwand (Innendämmung)				
Größe der Außenwandfläche			100	m²
U-Wert Bestand:			1,2	W/m²K
U-Wert neu:			0,50	W/m²K
Überschlägige Einsparung:			4.320	kWh/a
Einsparung €/a	Gaspreis €/kWh	0,15	**648**	€/a
	Gaspreis €/kWh	0,10	**432**	€/a

6.10: Überschlägige Einsparung bei der nachträglichen Innendämmung.

in die Außenbauteile) minimiert oder kontrolliert zurückgeführt werden muss. Bei Außenwänden wird die Dämmschicht überall dort unterbrochen, wo Innenwände oder Decken einbinden. Der Stellenwert der bereits bestehenden Wärmebrücken wird umso größer, je besser die Dämmung in der Fläche ist. Die Oberflächentemperatur fällt an den in den Raumecken einbindenden Decken und Wänden stark ab, so dass diese Stellen kondensatgefährdet und somit schimmelanfällig sind.

Zur Minimierung dieser Schwachstellen (ganz vermeiden lassen sich diese nicht) können die angrenzenden Decken und Wände entlang der Anschlüsse an die Innendämmung mit einem ca. 50 cm breiten Dämmstreifen (oder -keil) versehen werden.

In allen Außenbauteilen diffundiert während der Heizperiode Wasserdampf aus der Raumluft in die Außenwand und kondensiert in der Dämmschicht, dort wo die Temperatur stark abfällt. Hinter der Dämmschicht trifft der schon stark abgekühlte Wasserdampf auf das Mauerwerk, das dampfdichter ist als die meisten Dämmstoffe und so den Weitertransport verhindert. An dieser Grenzschicht kann ausfallendes Tauwasser zu einer Durchfeuchtung des Mauerwerks und später zu Frostschäden führen.

Grundsätzlich gibt es heute zwei unterschiedliche Dämmphilosophien: Die klassische Lösung sieht eine Dämmung mit einer raumseitig angebrachten (mittlerweile feuchtevariablen) Dampfbremse vor. Diese minimiert das Eindringen der Luftfeuchtigkeit in die Wand, so dass zwischen der Dämmschicht und der dahinter liegenden kalten Außenwand kein Kondensat ausfällt. In der Praxis wird eine Unterkonstruktion aus Kanthölzern oder Metallprofilen an die Wand gedübelt, der Dämmstoff dazwischen eingebaut, mit einer feuchtevariablen Dampfbremse überdeckt und alle Ränder und Stöße sorgfältig luftdicht verklebt. Anschließend kann die Wand mit Gipskartonplatten o.ä. verkleidet werden. Der Vorteil einer feuchtevariablen Dampfbremsbahn gegenüber konventionellen Dampfbremsen besteht darin, dass je nach relativer Luftfeuchtigkeit die sommerliche Rücktrocknung zum Raum hin wesentlich beschleunigt wird.

Als Alternative zur diffusionsreduzierten Innendämmung setzen sich mittlerweile *kapillaraktive* Systemaufbauten durch. Das Grundprinzip der kapillaraktiven Dämmsysteme beruht darauf, dass im Winter aufgenommene Feuchtigkeit im Sommer in den Raum zurück diffundieren kann. Mögliches Tauwasser im äußeren Bereich der Dämmschicht wird durch die kapillaraktiven Eigenschaften verteilt und entspannt. Voraussetzung hierfür ist jedoch, dass alle Komponenten – Klebemörtel, Dämmplatte, Armierung, Putzmörtel und Anstrich – sorgfältig aufeinander abgestimmt sind. Alle Plattenhersteller bieten komplette Systemaufbauten an. Bei den meisten Dämmstoffen handelt es sich um geschäumte Platten auf mineralischer (z.B. Calciumsilikat-) Basis. Diese kapillar leitfähigen, diffusionsoffenen Baustoffe sind schadstofffrei, schimmelresistent, nicht brennbar (Baustoffklasse A1) und recyclingfähig.

Positive Praxiserfahrungen wurden auch mit kapillaraktiven Dämmplatten aus Holzfaser und Perlite gemacht. Da alle kapillaraktiven Platten sehr biegesteif sind, können diese Unebenheiten der Bestandswand nicht ausgleichen, wodurch Lufträume zwischen Platte und vorhandener Außenwand entstehen. Kleinere Unebenheiten in der Bestandsoberfläche können mit Klebemörtel ausgeglichen werden, größere Unebenheiten, die gerade bei historischen Gebäuden vorkommen, müssen mit einer neuen Putzschicht ausgeglichen werden.

Als innere Oberflächen haben sich feuchtigkeitsausgleichende Materialien, wie z.B. Lehmputz oder systemspezifisch abgestimmte, offenporige Putze bzw. Spachtelmassen bewährt. Voraussetzung für ein kapillaraktives System ist allerdings eine sorgfältig herzustellende Luftdichtheit, ein trockenes Mauerwerk und eine nicht schlagregengefährdete Fassade.

6.4 Fenster

Fenster, die älter als ca. 30 Jahre alt sind, sollten in der Regel ausgetauscht werden, da sowohl die Verglasung, die Rahmen und auch die Dichtungen sehr stark verbessert worden sind. Heute gehört eine Dreifachverglasung zur Standardausstattung eines jeden Neubaus. Die Verglasung ist dabei ein entscheidender energetischer Faktor, die wesentlichen Kosten werden aber durch Rahmen und Flügelkonstruktion, Ein- und Ausbau sowie die erforderlichen Nebenarbeiten wie Einputzen und Malerarbeiten bestimmt. Auch hier gilt das Grundprinzip: Welche optischen und gestalterischen Möglichkeiten gilt es zu nutzen, um die Räume attraktiver zu gestalten, mehr Tageslicht zu generieren und die Attraktivität und somit den Wert des Gebäudes zu verbessern? Eine Erneuerung der Fenster ohne Vergrößerung reduziert den Lichteinfall bei Drefachverglasung um bis zu 30%.

Umglasen

Viele vor 1990 gebaute Häuser verfügen noch über eine Zweifachverglasung, die weder über eine Edelgasfüllung noch über eine reflektierende Beschichtung oder einen thermisch verbesserten Randverbund verfügt. Eine solche Verglasung hatte einen U-Wert von 3,0 W/m²K. Unter der Voraussetzung, dass die Fensterrahmen und Flügel keine elementaren Schäden aufweisen und auch keine gestalterischen Veränderungen geplant sind, ist der Ersatz der Scheiben durch eine zwei Scheiben-Wärmeschutzverglasung lohnend, die aufgrund ihrer Wärme reflektierenden Bedampfung, der Edelgasfüllung und des thermisch verbesserten Randverbunds über einen nahezu um ⅔ besseren U-Wert (1,1 W/m²K) verfügt. Eine Dreifachverglasung, wie sie heute bei neuen Fenstern Standard ist, lässt sich bei den vergleichsweise schmalen Rahmen und dem höheren Gewicht in der Regel nicht einbauen.

Das Umglasen für ein Standardnormfenster (1,23/1,48 m) dauert je nach Rahmenbedingungen etwa 1 - 1,5 Stunden. Für die neue Scheibe müssen zur Zeit etwa 100 €/m² veranschlagt werden. Es müssen weder das Fenster noch der Flügel ausgebaut werden. Es empfiehlt sich jedoch, auch die Dichtungen des Fensters auszutauschen. Eine einfache, kostengünstige und sinnvolle Maßnahme!

Umglasen eines Fensters (1,23 m/1,48 m)	
U-Wert Bestand	3,0 W/m²K
U-Wert neu	1,3 W/m²K
Einsparung durch Umglasen	224,7 kWh/a
Jährliche Einsparung bei 0,15 €/kWh (Gas)	33,70 €/a
Kosten	
Glas plus Abdichtung	140,00 €
Arbeitslohn	150,00 €
+ Mwst	55,10 €
Gesamt	345,10 €
- 15% BAFA Förderung	-51,80 €
Amortisation	8,70 Jahre

6.11
Kosten, Energieeinsparung und betriebswirtschaftliche Amortisation beim Umglasen eines Standardnormfensters.

Neue Fenster

Ein Rückblick: Fenster waren früher klein, sie waren die energetischen Schwachpunkte, zwischen Rahmen und Flügeln zog es, Glas war teuer, große Gläser konnten gar nicht produziert werden. Das ist heute anders: Man geht heute offensiv mit dem Thema Fenster um, Transparenz ist Teil der heutigen Wohnkultur. Aber die hat ihren Preis: Neue und größere Fenster gehören zu den teuersten Investitionen einer energetischen Sanierung. Sie bieten aber auch gleichzeitig durch Vergrößerung und Veränderung den höchsten Mehrwert hinsichtlich Besonnung und Tageslicht in den Räumen. Auch wenn es die Maßnahme zusätzlich verteuert, so besteht die einmalige Gelegenheit, die Qualität der Räume wesentlich zu verbessern. Selbst kleine Räume wirken nicht nur größer, bei Süd-, Südwest- und Südostausrichtung lassen sich selbst während der Heizperiode zusätzliche Energiegewinne generieren. Der heutige Fensterstandard liegt bei einem U_w-Wert von ca. 0,9 W/m²K. Wenn die Außenwände allerdings nicht gedämmt werden und deren U-Wert wesentlich schlechter ist als der des neuen Fensters, sind die Außenwände eventuell kondensat- und schimmelgefährdet.

Wünsche/Ziele	Gestaltungsmöglichkeiten
Energetische Aspekte • Verbesserung der Energiebilanz und der natürlichen Belichtung • Erhöhung des thermischen und visuellen Komforts	• Himmelsrichtung der Fenster • Größe und Proportionen der Fenster • Glasart, Rahmenstärke bzw. –anteil
Belichtung der Räume • Gezielte Betonung einzelner Himmelsrichtungen (z.B. Morgen-/Abendsonne)	• Sonnenverlauf simulieren und Schattenkanten markieren
Räumliche Beziehungen • Optimierung der visuellen Kontakte zwischen Innen- und Außenraum • Abstimmung auf Ein- und Ausblicke	• Fensteranordnung in der Wand • Größe, Höhe und Breite • Sichtschutz im Außenbereich

6.12: Kriterien für die Vergrößerung/Veränderung von Fenstern im Rahmen einer energetischen Sanierung.

Also: Fenstererneuerung immer in Verbindung mit der energetischen Ertüchtigung der Außenwand planen!

Rahmenmaterialien

Im Wesentlichen ist die Entscheidung zwischen Holz, Holz mit Aluminiumaußenschale oder PVC-Kunststofffensterrahmen zu treffen. Hinsichtlich der energetischen Qualität sind beide Materialien vergleichbar und je nachdem, welche Prioritäten man setzt, kann man unterschiedlich Vor- und Nachteile herausarbeiten: Kosten, Wartung und Pflege, Gestaltung, Oberfläche, Haptik etc.

Holz ist das traditionelle Rahmenmaterial, ein nachwachsender Rohstoff, allerdings regelmäßig zu warten (insbesondere im Bereich der Wetterschenkel); die Variante Holzkern und Aluminiumaußenschale ist die perfekteste, wartungsfreie und dauerhafteste Lösung.

Kunststoffrahmen sind wesentlich preisgünstiger und wartungsfrei, farbige Rahmen bleichen im Laufe der Jahre aus, PVC ist erdölbasiert und im Brandfall problematischer.

Entscheidend sind letztlich die subjektiven persönlichen Prioritäten: der Autor kann Kunststofffenster einfach nicht leiden!

Glaswahl

Beim Einbau neuer Fenster ist die beschichtete, edelgasgefüllte (meistens Argon) Dreifachverglasung mit einem U_g-Wert von 0,6 W/m^2K zum Standard geworden.

Argon wird aus der Luft gewonnen, etwa 1% der Erdatmosphäre bestehen aus Argon, im Gegensatz zu Krypton, welches in der Erdatmosphäre nur in verschwindend geringen Mengen vorkommt. Die Herstellung mit Kryptonfüllung ist energie- und kostenintensiv und mit langen Lieferzeiten ver-

6.13: Nachträgliche Fenstervergrößerung. Die größeren Glasflächen nach Süden verbessern nicht nur die Energiebilanz, sondern auch den Tageslichteinfall und lassen kleine Räume viel größer wirken.

Einstrahlungsbilanzen in Abhängigkeit von Himmelsrichtung und Länge der Heizperiode									
Ausrichtung	Fensterqualität		Wärmeverlust	Solare Gewinne in der Heizperiode			U_{weq}-Wert		
	U_w W/m²K	U_g W/m²K(%)	Okt - Mär kWh/m²a	Nov - Feb	Okt-Mär kWh/m²a	Sep-Apr	Nov - Feb	Okt-Mär W/m²K	Sep-Apr
Süd	1,3	1,1 (62)	85,8	53,3	97,5	164,5	0,33	-0,18	-1,17
	0,8	0,5 (50)	52,8	43,0	78,7	132,6	0,06	-0,39	-1,24
Ost/West	1,3	1,1 (62)	85,8	29,2	59,4	119,9	0,65	0,40	-0,43
	0,8	0,5 (50)	52,8	23,6	47,9	96,7	0,33	0,07	-0,64
Nord	1,3	1,1 (62)	85,8	18,1	37,5	69,0	0,81	0,73	0,42
	0,8	0,5 (50)	52,8	14,6	30,3	55,7	0,45	0,34	0,04

6.15: Energiebilanz von Fenstern in Abhängigkeit von Himmelsrichtung und Länge der Heizperiode. Im günstigsten Fall verfügt das Fenster über einen negativen U-Wert, das heißt, die solaren Energiegewinne sind im Winterhalbjahr höher als die Wärmeverluste.

bunden. Die Vorteile bestehen in der Verbesserung des U-Wertes um 0,1 W/m²K, die aber nur bei geringerem Scheibenzwischenraum (12 mm statt 18 mm) zum Tragen kommt, was bei Umglasungen in schmaleren Rahmen von Vorteil sein könnte.

Wenn man die zusätzliche Einsparung (etwa 7 kWh/m²a) auf eine maximale Scheibenlebensdauer von 30 Jahren hochrechnet, könnte der Mehraufwand in Einzelfällen lohnenswert sein.

Typische Fensterkosten (€ ohne MWST.)		
Grundkosten	Holzfenster, IV90, 1,23 x1,44m, einflüglig, Kiefer endlackiert Dreischeiben WSG, U_g = 0,5 W/m²K	650,00 €
Mehrkosten		
Konstruktion	gedämmter Rahmen/Flügel	130,00 €
	Holz-Alu Konstruktion	200,00 €
	Kunststoff, wärmegedämmt	-170,00 €
Ausstattung	zweiter Flügel	220,00 €
	Echtsprossen/Feld	60,00 €
	ein Teil Feststehend (Oberlicht)	330,00 €
	wie vor, Oberseite Rundbogen	400,00 €
Verglasung	Verbesserter Schallschutz	70,00 €
	Einbruchschutz (VSG außen)	60,00 €
Montage	Einbau und Befestigung	250,00 €
	Herstellen der Luftdichtheit	80,00 €

6.16: Kosten von Fenstern in Abhängigkeit von Material und Ausstattung.

Energiebilanz von Fenstern

Der U-Wert der Fenster ist nur ein Parameter für den Energieverbrauch des Hauses, die Himmelsrichtung der Fenster ein weiterer. Die sogenannten *passiven Sonnenenergiegewinne* führen in manchen Fällen sogar zu einem negativen U-Wert, d.h. die Wärmegewinne sind im Winterhalbjahr höher als die Verluste. Die nutzbaren Gewinne stehen allerdings in einer direkten Abhängigkeit zur Länge der Heizperiode. Diese ist umso länger, je schlechter Ihr Gebäude gedämmt ist. In einem gut gedämmten Gebäude nehmen die sog. inneren Wärmequellen (Abwärme von Menschen und elektrischen Geräten) einen höheren Stellenwert ein und verschieben dadurch die Heizgrenze. Von daher ist es sinnvoll, nach Süden orientierte Fenster zu vergrößern.

Einbau von Fenstern

Der Übergang zwischen Fenster und Außenwand stellt bei Altbauten häufig eine Schwachstelle dar. Beim Fenstertausch empfiehlt sich daher eine Leibungsdämmung auf der Innenseite oder das Überdämmen des Rahmens auf der Außenseite, um die zwangsläufig entstehende Wärmebrücke zu reduzieren und Kondensatbildung und dadurch entstehende Schimmelbildung zu verhindern.

6.5 Dach-Dämmung

Ein kurzer Exkurs: Das geneigte Dach eines Hauses hatte ursprünglich eine wesentliche Funktion: den Schutz vor Wind, Regen und Schnee. Seitdem Dachräume nicht nur als Trockenboden und Abstellraum, sondern auch zu Wohnzwecken genutzt wurden, kam als zusätzliche Anforderung Wärmedämmung und Tageslicht hinzu. Das war die Geburtsstunde der Dachgaube, in einer Zeit, in der es technisch schlichtweg nicht möglich war, Schrägverglasungen dicht zu bekommen. Heute verfügen wir über ein vielfältiges Angebot von Dachflächenfenstern, die energetisch, technisch, ökonomisch und gestalterisch jeder Dachgaube überlegen sind. Eine Dachgaube ist technologisch die Postkutsche des Daches.

Die Sanierung des Daches stellt planerisch die höchsten Ansprüche bei der energetischen Ertüchtigung eines Gebäudes. Heute ergibt sich eine zusätzliche Anforderung an ein Dach: die maximale photovoltaische Energiegewinnung!

Was heißt das? Jede energetische Ertüchtigung eines Daches muss unter folgender Prämisse erfolgen:

- Minimierung des Wärmeverlustes, Maximierung der Wärmedämmung,
- Optimierung der Wohnnutzung und der Tageslichtverhältnisse unter Berücksichtigung möglicher sommerlicher Überhitzung,
- Maximierung der Energiegewinnung, vorrangig photovoltaisch, evtl. in Verbindung mit einer kleinen thermischen Solaranlage für Warmwasserbereitung,
- ansprechende, klar strukturierte Gestaltung und Abstimmung der einzelnen Komponenten, um einen gestalterischen Wildwuchs des Daches zu vermeiden.

Dächer von Ein- und Zweifamilienhäusern sind je nach Dachform, Grundriss und Geschosszahl mit etwa 15 - 25% am Wärmeverlust des Gebäudes beteiligt. Eine Binsenweisheit: Wärme steigt nach oben, von daher ist im Dach die dickste Wärmedämmung aller Bauteile erforderlich. Bei Bestandsgebäuden wurden traditionell die Sparren unter statischen Aspekten optimiert. Die traditionellen Sparrenquerschnitte liegen im Bereich von 8/12 cm bis 10/16 cm, je nach Spannweite und Dachkonstruktion. Die Sparrenzwischenräume wurden bis in die

6.17
Neugestaltung und Vereinfachung eines Dachgeschosses zur Schaffung neuen Wohnraumes, Erhöhung der Attraktivität und Erhöhung der potentiellen Solarnutzung.

1980er Jahre zu etwa ¾ ausgedämmt, in der Regel 8 - 12 cm. Der heute förderfähige U-Wert liegt bei ≤ 0,14 W/m²K, was etwa einer Dämmstärke von 28 cm (Wärmeleitgruppe 035) entspricht.

Somit ist in jedem Fall eine Aufdopplung der Konstruktion notwendig, die in der Regel von außen erfolgt (siehe Abb. 6.19)

Allerdings gehört die nachträgliche Wärmedämmung des Daches zu den kostspieligsten Maßnahmen einer energetischen Sanierung. Um heute einen normgerechten Aufbau zu erhalten, ist es notwendig, ein geneigtes, mit Dachsteinen eingedecktes Dach mit einer *regensicheren Unterdeckung* auszustatten, die entweder aus einer diffusionsoffenen Unterdeckungsbahn oder speziell imprägnierten Holzfaserdämmplatten besteht. Das ist von innen nicht möglich, somit gibt es nur eine Möglichkeit:

- Einrüsten des gesamtem Gebäudes,
- Rückbau der Dachhaut einschließlich Lattung und Konterlattung,
- Ausbau der vorhandenen Dachflächenfenster und ggf. Austausch und Versetzen,
- Erhöhung der Dämmung einschl. Anpassung aller Anschlusspunkte an Traufe und Giebel,
- Erneuerung der Dachhaut.

Bei der Dachsanierung macht die reine Dämmung vielleicht 10 - 15% der Kosten aus. Da in der Regel die vorhandenen Dachflächenfenster und Gauben auch erneuert werden müssen, ergibt sich die einmalige Chance, das Dach ganz neu im Zusammenhang mit der Maximierung einer Photovoltaikanlage zu denken.

Betrachtet man nun nach dem erforderlichen Rückbau der Konstruktion den Restwert des Dachstuhls, so stellt sich automatisch die Frage, ob es vielleicht sinnvoll ist, das ganze Dachgeschoss neu zu gestalten (siehe Abb. 6.17). In jedem Fall sollte man die Chance nutzen, darüber nachzudenken,

- evtl. eine separate Nutzung (Einliegerwohnung) vorzusehen bzw. die Optionen dafür schaffen,
- die Verbesserung der Tageslichtverhältnisse im Dachgeschoss zu erreichen,
- die Dachfläche so zu gestalten, dass eine maximale PV-Nutzung möglich ist,
- die Photovoltaik gleich mit zu realisieren, um eine weitere Gerüststellung zu ersparen.

Dämmung eines Daches

Größe der Dachfläche				120	m²
U-Wert Bestand:				0,9	W/m²K
U-Wert neu:				0,14	W/m²K
Überschlägige Einsparung:				6.290	kWh/a
Einsparung €/a	Gaspreis	€/kWh	0,15	**944**	€/a
	Gaspreis	€/kWh	0,10	**629**	€/a

6.18: Überschlägige Einsparung bei der nachträglichen Dämmung eines geneigten Daches.

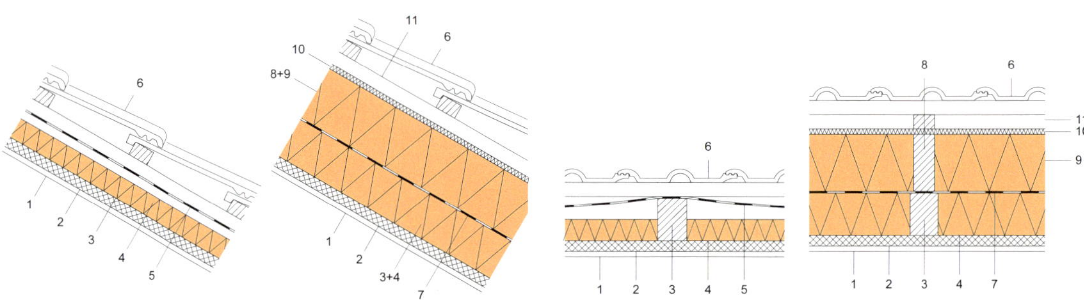

Bestand — neu: Dämmung auf den Sparren — Bestand — neu: Dämmung auf den Sparren

1 Putz, luftdichte Ebene
2 Putzträger, Holzwolleleichtbauplatte
3 Sparren 11
4 Dämmung
5 Unterspannbahn alt, diffusionsdicht
6 Dachpfannen auf Traglattung
7 feuchtevariable Dampfbremde, luftdicht verklebt
8 Aufdopplung Sparren
9 Dämmung
10 diffusionsoffene Unterdeckplatte
11 Konterlattung

6.19: Bestandskonstruktion eines Daches bis in die 1980er Jahre und energetische Ertüchtigung der gleichen Konstruktion nach heutigem Standard. Allerdings sind alle Trauf- und Ortganganschlüsse an die Außenwände konstruktiv und gestalterisch neu zu bearbeiten.

6.20: Sanierung einer Dachfläche mit Photovoltaik, durch Umsetzen von Dachflächenfenstern wird eine große zusammenhängende Photovoltaikfläche ermöglicht.

Flachdächer

Flachdächer von Ein- und Zweifamilienhäusern aus den 1960 bis 1980er Jahren sind fast ausschließlich auf eingeschossigen Gebäuden erstellt worden. Diese sind nur sehr aufwändig zu sanieren (siehe Abb. 6.22). Um die Raumhöhe zu erhalten, muss die Sparrenebene ausgedämmt und die bisher *belüftete* Dachkonstruktion zu einer *unbelüfteten* Konstruktion mit zusätzlicher Aufdachdämmung ergänzt werden. Die vorhandene Dachhaut übernimmt dann die Funktion einer zweiten Dichtungsebene. Auf der Innenseite ist eine feuchtevariable Dampfbremse vorzusehen.

Anstelle der Sanierung bietet sich der Umbau auf ein geneigtes Dach mit Einliegerwohnung an. Dieses kann dann auch gezielt für eine optimale PV-Nutzung gestaltet und optimiert werden.

Aber auch im Falle der energetischen Sanierung des Flachdaches sollte die PV-Nutzung mit berücksichtigt werden. Allerdings entstehen dann höhere bauphysikalische Anforderungen an die Konstruktion, da aufgrund der Verschattung der Dachhaut durch die Module die Rückdiffusion im Sommer, die zum Austrocknen der Konstruktion notwendig ist, stark eingeschränkt wird.

Dämmung eines Flachdaches				
Größe der Deckenfläche			80	m^2
U-Wert Bestand:			0,9	W/m^2K
U-Wert neu:			0,12	W/m^2K
Überschlägige Einsparung:			4.304	kWh/a
Einsparung €/a	Gaspreis €/kWh	0,15	**646**	€/a
	Gaspreis €/kWh	0,10	**430**	€/a

6.21: Überschlägige Einsparung bei der nachträglichen Dämmung eines Flachdaches.

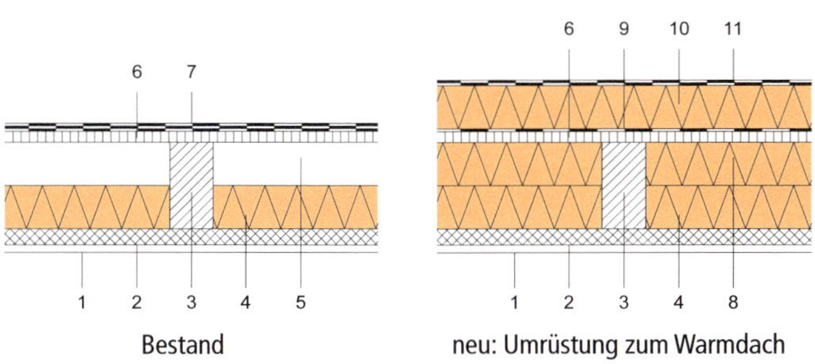

1 Putz, luftdichte Ebene
2 Putzträger, Holzwolleleichtbauplatte
3 Sparren
4 Dämmung
5 Hinterlüftung
6 Dachschalung
7 Dachhaut
8 Einblasdämmung
9 Dampfsperre
10 Aufdachgefälledämmung
11 Bitumen-Dachbahn, 2-lagig

6.22: Nachträgliche Dämmung einer Flachdachkonstruktion. Das ursprüngliche Kaltdach muss zum Warmdach umgerüstet werden, damit eine spätere Nachrüstung mit Solarmodulen keine bauphysikalischen Probleme mit sich bringt.

6.6 Oberste Geschossdecke

Dämmung der obersten Geschossdecke				
Größe der Deckenfläche			80	m^2
U-Wert Bestand:			0,9	W/m^2K
U-Wert neu:			0,14	W/m^2K
Überschlägige Einsparung:			4.193	kWh/a
Einsparung €/a	Gaspreis €/kWh	0,15	**629**	€/a
	Gaspreis €/kWh	0,10	**419**	€/a

6.23
Überschlägige Einsparung bei der nachträglichen Dämmung der obersten Geschossdecke zum unbeheizten Dachraum.

Waren die bisherigen Maßnahmen aufgrund ihrer Komplexität hinsichtlich Nutzung und Gestaltung planerisch sehr anspruchsvoll, so lässt sich die Dämmung der obersten Geschossdecke sehr pragmatisch abhandeln: Eine gesetzliche Nachrüstpflicht für die Dämmung der obersten Geschossdecke zum unbeheizten Dachgeschoss besteht bereits seit dem 1.1.2016 in Deutschland. Die Verantwortung liegt beim Eigentümer, kontrolliert wird diese allerdings nicht. Der mindestens zu erzielende U-Wert $\leq 0{,}24$ $W/(m^2K)$ entspricht in etwa einer Dämmstärke von etwa 14 cm (WLG 035), wenn diese zwischen den Deckenbalken eingebracht wird. Besteht die oberste Decke aus Beton, so lassen sich vorkonfektionierte und mit einer begehbaren Oberfläche (OSB-Platte) versehene Dämmelemente einfach verlegen (vgl. Abb. 6.24). Bei einer Holzbalkenlage bieten die Gefache zwischen den Balken genügend Platz für eine Dämmung, welche die Mindestanforderung deutlich übersteigt. Im günstigsten Fall lassen sich die Gefache einfach mit Zellulosedämmstoff vollblasen.

6.24
Verlegung von EPS-Dämmelementen mit aufgeklebter OSB-Platte. So können in einem Arbeitsgang die Dämmung und der Fußboden verlegt werden. Quelle: Bauder

6.7 Kellerdecke und Sohle

Die nachträgliche Dämmung von Kellerdecken ist notwendig, wenn die Kellerräume gar nicht oder nur zeitweise beheizt werden, z.B. Lager- und Hobbyräume. Eine Kellerdecke sollte vor dem Einbau von Dämmstoffen immer auf Feuchtigkeit untersucht werden. Gerade bei älteren Gebäuden befindet sich die Feuchtigkeitssperre in den Außenwänden oft erst oberhalb der Kellerdecke. Feuchtigkeit in der Decke kann auch auftreten, wenn diese unterhalb der Geländeoberkante liegt. Nur bei trockenen Kellerdecken ist der Einbau der Dämmung von der Unterseite zu empfehlen.

Dämmung der Kellerdecke					
Größe der Kellerdecke				80	m²
U-Wert Bestand:				1,2	W/m²K
U-Wert neu:				0,25	W/m²K
Überschlägige Einsparung:				2.483	kWh/a
Einsparung €/a	Gaspreis	€/kWh	0,15	**372**	€/a
	Gaspreis	€/kWh	0,10	**248**	€/a

6.25
Überschlägige Einsparung bei der nachträglichen Dämmung der Kellerdecke von unten.

Dämmung unter der Kellerdecke

Alle Deckenarten können unterseitig gedämmt werden. An Betondecken mit glatter Unterseite lassen sich Dämmstoff- bzw. Verbundplatten direkt unter die Decke kleben und dübeln (Abb. 6.26). Dabei handelt es sich um eine sehr preisgünstige Dämmmaßnahme, in der Regel kann auf zusätzliche Verkleidungen verzichtet werden. Bei allen Balkendecken, unabhängig davon, ob es sich um Holzbalken, Stahlbeton- oder Stahlträger handelt, ist es häufig einfacher, eine Unterkonstruktion anzubringen und die Zwischenräume mit Dämmstoff auszufüllen. Das gilt auch für sogenannte Kappendecken, die sich mit leichtem Gewölbe von Träger zu Träger spannen. Man trifft sie in Häusern aus der Gründerzeit und aus den 1930 - 50er Jahren an. Bei diesen wie auch bei anderen Gewölbedecken können Dämmstoffe (aus Mineralfasern oder Zelluloseflocken) aufgespritzt werden.

Verlaufen viele Leitungen auf der Unterseite, lassen sich diese am besten mit einer abgehängten Decke, kombiniert mit Dämmstoffmatten oder -flocken, überdämmen. Werden dagegen Dämmplatten unter die Decke geklebt, müssen diese sorgfältig an die Leitungen angearbeitet werden. Das Überdämmen größerer Abflussrohre ist zeitaufwändig.

Dämmung auf der Kellerdecke oder auf der Sohlplatte

In der Regel kommt die Dämmung der Kellerdecke von oben kaum in Betracht, weil sich dadurch die Fußbodenhöhe ändert, was zu weitreichenden Änderungen anderer Bauteile führt, z. B. Änderung von vorhandenen Treppensteigungen, Türhöhen, Sanitärobjekten, Küchenplatten etc.

Wenn aber im Rahmen der Sanierung ohnehin die Fußböden erneuert werden und gleichzeitig eine Fußbodenheizung integriert wird, empfiehlt es sich, statt des massiveren Estrichs einen wesentlich dünneren Trockenestrich einzubauen und die eingesparte Höhe durch einen hochwertigen Dämmstoff zu ersetzen (vgl. Abb. 7.15).

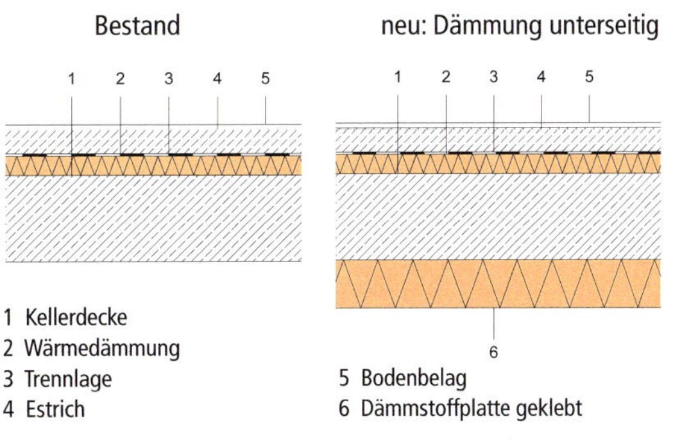

6.26 Nachträgliche Dämmung der Kellerdecke von unten.

Kosten-Nutzen-Verhältnis von Maßnahmen an der Gebäudehülle							
Bauteil/Maßnahme	U-Wert vorher	U-Wert nachher	Verbesserung	Einsparung	Kosten	Amortisation bei 15 ct/kWh	Amortisation bei 10 ct/kWh
	W/m²K	W/m²K	W/m²K	kWh/a	€/m²	Jahre	Jahre
Außenwand							
Kerndämmung	1,4	0,55	0,85	62	40	4,3	6,5
WDVS	1,4	0,20	1,20	87	180	13,8	20,7
hinterlüftete Fassade	1,4	0,20	1,20	87	240	18,4	27,5
Innendämmung	1,4	0,65	0,75	54	160	19,6	29,4
Dach							
geneigtes Dach	0,9	0,14	0,76	55	260	31,4	47,1
Flachdach	0,9	0,14	0,76	55	290	35,0	52,6
oberste Gechossdecke	0,9	0,14	0,76	55	70	8,5	12,7
Fenster							
Scheibentausch	3,0	1,30	1,70	123	170	9,2	13,8
neue Fenster	3,0	0,95	2,05	149	900	40,3	60,5
Kellerdecke							
Dämmung von unten	0,8	0,25	0,55	40	80	13,4	20,0

6.27
Überschlägige Einsparungen, Kosten und Amortisationszeiten bei nachträglichen Dämmmaßnahmen ohne Berücksichtigung von Fördermaßnahmen.

Fassadensanierung an einem Reihenendhaus. Das Wohnzimmer im EG wurde durch einen Glasanbau erweitert, dessen Dach gleichzeitig als vergrößerter Balkon für die darüber liegenden Kinderzimmer dient.

7 Technik

7.1 Welche Energiequellen sind verlässlich?

Wir alle haben im Jahr 2022 die schmerzliche Erfahrung gemacht, wie schnell eine vermeintliche Versorgungssicherheit ins Gegenteil umschlägt: Sorge, Angst, manchmal sogar Panik. Wir wissen seit Jahrzehnten um die Endlichkeit der fossilen Energieträger, der Abhängigkeit von Staaten, die es mit Demokratie und Menschenrechten nicht so genau nehmen, die Auswirkung des CO_2-Ausstoßes bei Verbrennung fossiler Brennstoffe und nicht zuletzt die ungelösten Probleme des atomaren Abfalls. Alle vernünftigen Menschen sind sich mittlerweile einig: In Zukunft muss die Energieversorgung regenerativ erfolgen: Sonne, Wind, Biomasse. Es ist müßig, darüber zu lamentieren, ob man die regenerative Versorgung schon hätte vor 30 Jahren vorantreiben müssen und wer diese Entwicklung blockiert hat. Die Mehrheit hat mindestens stillschweigend die Abhängigkeit vom russischen Gas toleriert und von den günstigen Preisen profitiert.

Im Koalitionsvertrag der aktuellen Bundesregierung wurde im Winter 2021 festgeschrieben: Ab 2024 muss jede neue Heizung möglichst mit mindestens 65% regenerative Energien betrieben werden. Das ist ein Ziel, das zu erreichen sehr sportlicher Anstrengungen bedarf.

Es werden heute vor allem zwei Energieformen diskutiert: *Strom* aus Sonne und Wind, und *Umweltwärme* (Luft, Geothermie, Grundwasser) als Sekundärenergie, die nur mittels Strom auf eine entsprechende Nutztemperatur gepumpt werden kann. Man darf sich nichts vormachen: Im Jahr 2020 wurden zwar 45,4% des deutschen Stromverbrauches aus erneuerbaren Energien gedeckt, das sind aber gerade einmal 19,7% des deutschen Endenergieverbrauchs (Quelle: Umweltbundesamt).

Nun soll der Ausbau der erneuerbaren Stromerzeugung soweit ansteigen, dass bis zum Jahre 2030 80% des Stromverbrauches dadurch gedeckt werden können. Allerdings wird der Verbrauch bis dahin durch stromgespeiste Heizsysteme und E-Mobilität auch erheblich angestiegen sein. Dabei die Netzstabilität zu gewährleisten, gehört mit zu den sportlichen Aufgaben für die kommenden Jahre.

Jedenfalls ist für private Haushalte elektrischer Strom z.Zt. die einzige Energiequelle, zu der sogar selbst beigetragen werden kann. Biomasse wird im ländlichen Bereich noch als Alternative zum Einsatz kommen. Die sparsame Nutzung von Öl, Gas und Flüssiggas kann für einen Zeitraum von 10 - 15 Jahren durchaus noch eine Versorgungsalternative sein, solange die alte Heizungsanlage durchhält.

Über die Verwendung von Wasserstoff im Privatbereich muss man, Stand Frühjahr 2023, nicht nachdenken. Das kann in 10 Jahren anders aussehen. Nach Berechnungen der Internationalen Energieagentur (IEA) betragen die Umwandlungsverluste bei der Elektrolyse von Strom zu Wasserstoff aktuell 20 bis 40%, für den Transport ist eine Verdichtung (Verlust bis zu 15%) oder Verflüssigung (Verlust bis zu 25%) notwendig. **Wasserstoff ist daher definitiv keine kostengünstige Energie!**

Da wir ohnehin schon nicht über genügend regenerativen Strom verfügen, bleibt nur der Import von Wasserstoff aus Ländern, die über mehr Sonnenenergie verfügen. Da sich aber z. Zt. kein Land der Welt selbst regenerativ versorgen kann, wird

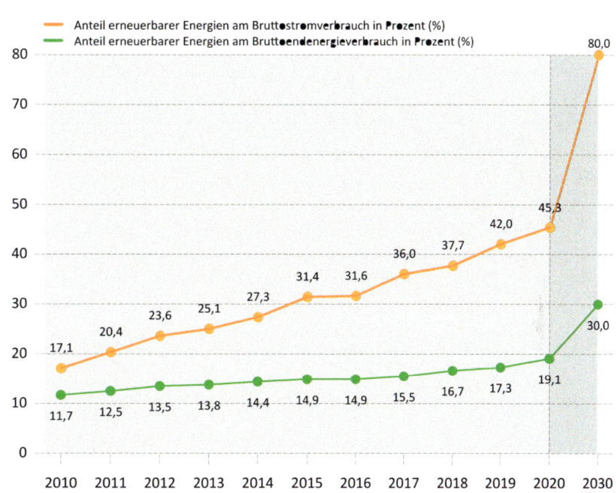

7.1
Anteil erneuerbarer Energien am Gesamtstromverbrauch seit 2009 (Quelle: Umweltbundesamt).

in den nächsten Jahrzehnten eine Wasserstoffnutzung voraussichtlich nur bei industriellen Prozessen eine Rolle spielen.

Worauf können wir uns einstellen:

- Regenerativer Strom wird fürs Heizen die dominante Energiequelle der Zukunft sein, somit wird die Wärmepumpe die absolut dominante Technologie zum Heizen von Immobilien.
- Das Verheizen von Biomasse wird im ländlichen Raum einen höheren Stellenwert behalten, im städtischen Umfeld aber immer weniger zur Anwendung kommen.

Heizen mit Holz gilt wegen seiner neutralen CO_2-Bilanz als klimafreundlich. In Deutschland gibt es rund 11 Mio. Holzöfen und circa 800.000 Heizkessel für feste Brennstoffe, die pro Jahr rund 20.000 to Feinstaub emittieren, mehr als alle Motoren im Straßenverkehr. Ein neuer Kaminofen üblicher Größe emittiert bei Volllast in einer Stunde etwa 500 mg Staub. Das entspricht ca. 100 km Autofahren mit einem Pkw der Abgasnorm Euro 6 (Quelle: Umweltbundesamt). Die Nachfrage nach Brennholz und Holzpellets hat sich in Deutschland in den letzten 12 Jahren vervierfacht, der größere Teil stammt heute aus Importen aus Ost- und Südosteuropa, wo es mit der nachhaltigen Waldbewirtschaftung nicht so genau genommen wird.

Nach wie vor gilt: Jede Kilowattstunde, die nicht verbraucht wird, muss nicht erzeugt werden. Bei den aktuellen Energiepreisen (Frühjahr 2023) tragen im Wesentlichen alle in Kapitel 4 und 6 genannten Maßnahmen dazu bei.

7.2 Heizen

Voraussetzung für die Auswahl eines Heizsystems ist das mehr oder minder radikale Reduzieren des Wärmeumsatzes (siehe Kap. 6). Je geringer die Wärmeverluste eines Gebäudes sind, desto größer sind die Spielräume für die Optimierung des Heizsystems. Außerdem verkürzt sich die Heizperiode, da die inneren Wärmequellen (Abwärme von Bewohnern und elektrischen Geräten wie Computer, Fernsehgeräte, Kühlschränke, Kochherde oder Backofen) einen prozentual größeren Stellenwert haben als bei einem schlecht gedämmten Haus.

Wie ist Ihre aktuelle Heizsituation einzuschätzen? Wie und vor allem wann treffen Sie eine souveräne Entscheidung?

Als erstes: Bleiben Sie gelassen! Ihr Problem teilen Sie mit rund 15 Millionen Ein- und Zweifamilienhauseigentümer*innen in Deutschland. Gas und Öl mögen vielleicht noch teurer werden – oder auch nicht. Eventuell drohen kurzzeitige Engpässe und Rationierungen, die vielleicht ein paar Komforteinbußen zur Folge haben: Sie werden aber bestimmt nicht erfrieren und es besteht kein Anlass zu Kurzschluss- oder Panikaktionen.

Gehen wir ein paar typische Situationen durch:

- Sie haben erst vor ein bis max. zehn Jahren eine neue Gas-Brennwertheizung eingebaut. Diese läuft einwandfrei und wird voraussichtlich noch einige Jahre weiter laufen. Sie haben die Heizkurve optimiert und das System ist hydraulisch abgeglichen (vgl. Kap. 4.1) Behalten Sie diese solange, bis Sie alle für Sie schlüssigen baulichen Maßnahmen aus Kap. 6 umgesetzt haben. Wenn Sie Ihren Wärmebedarf baulich vielleicht halbieren können, dann läuft Ihre Heizung noch mit der gleichen Effizienz: Moderne Kessel modulieren alle, d.h. sie regeln die Leistung entsprechend dem aktuellen Wärmebedarf herunter. Ist Ihr Warmwasserbedarf hoch (>3.000 kWh/a), dann könnten Sie über eine thermische Solaranlage (siehe Kap. 7.3) nachdenken, die eignet sich auch später gut zur Entlastung Ihrer Wärmepumpe. Vorrangig und günstiger wären allerdings die Sparmaßnahmen aus Kap. 4. Wenn Ihr Warmwasserverbrauch eher niedrig ausfällt, dann könnte die Erwärmung auch weiterhin über die bestehende Heizung erfolgen. Dann passt Photovoltaik besser als Solarthermie.

- Sie haben eine ziemlich *alte* Heizung, die vielleicht an die 20 Jahre alt ist, oder eine, die gerade dabei ist, *ihren Geist aufzugeben*. Sie befinden jetzt mal wieder in der Zwickmühle: Umstellen auf Wärmepumpe oder noch schnell – solange es noch geht – ein neues Brennwertgerät einbauen? Die Bundesregierung hat im Sommer 2022 beschlossen, dass ab dem 1. Jan. 2024 jede neu eingebaute Heizung zu 65% erneuerbare Energien nutzen muss. Somit können danach Gasheizungen nur noch mit Biomethan betrieben werden. Wenn Sie also den Austausch vor 2024 vornehmen, wären Sie von der Auflage befreit. Auf den Gedanken werden viele Ihrer Leidensgenossen/-innen kommen, für 2023 wird ein Gasheizungsboom erwartet.

  Ob sich diese *Zwischenlösung* hinsichtlich der erst einmal geringeren Investitionskosten und der unbekannten Gaspreisentwicklung lohnt, weiß niemand: Sie hätten allerdings Zeit gewonnen und könnten in Ruhe die Entwicklung auf dem Wärmepumpenmarkt abwarten. Dass könnte sich vielleicht lohnen.
- Wenn nicht gerade gestern Ihre Heizung irreparabel kaputt gegangen sein sollte und Sie sich auch emotional noch nicht darauf eingestellt haben, Ihre gesamte Energieversorgung in Strom zu denken, dann spielen Sie auf Zeit. Aber nutzen Sie diese, um sich gedanklich und strategisch damit vertraut zu machen, Ihr Gebäude und evtl. Ihre Mobilität auf Elektrizität umzustellen.
- Welche Spielräume haben Sie? Langfristig sicher wenige, eigentlich geht es nur noch um die Frage, welchen Anteil Ihres Energieverbrauchs Sie selbst erzeugen und speichern.
- Wenn alles elektrisch läuft, was tun Sie dann bei Stromausfall? Diese Sorge ist eher unbegründet, Stromausfälle haben in den letzten Jahren in Deutschland extrem selten stattgefunden und dann auch nur für wenige Minuten. Wenn Sie eine Photovoltaikanlage mit Speicher haben, wird im Fall eines Stromausfalles Ihre Photovoltaik vom öffentlichen Netz getrennt. Es gibt teure Solarmanagementsysteme (*off-grid*), die dann im Notfall nur einige vorab ausgewählte Verbraucher versorgen, die im Notfall von Nutzen sind. Diese Verbraucher können dann mit Strom aus dem Speicher versorgt werden.

7.2.1 Wärmepumpen-Heizung

Wärmepumpen wurden in der Mitte der 1970er Jahren in Deutschland als Reaktion auf die Ölkrise 1973 in größerer Zahl eingebaut und verschwanden in Zeiten von preisgünstigem Öl und Gas wieder, nicht zuletzt wegen vieler technischer Probleme, fehlerhafter Berechnung der Wärmequellen und somit fehlender Wirtschaftlichkeit.

Inzwischen werden die Kompressoren durch hocheffiziente Elektromotoren angetrieben, bei Luft-Wasser-Wärmepumpen wurde der Wärmeaustausch mit der Umgebungsluft verbessert und die Geräuschentwicklung wesentlich reduziert.

Das Funktionsprinzip einer Wärmepumpe basiert auf zwei Prinzipien: Verdampfen von Kältemitteln mit sehr niedrigem Siedepunkt und Verdichten des Gases zum Erreichen der Nutztemperatur. Jeder kennt das: Wenn man bei der Luftpumpe unten die

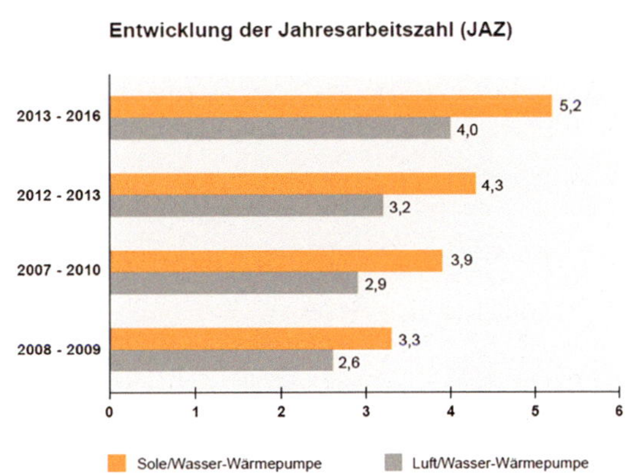

7.2
Entwicklung der Jahresarbeitszahl (JAZ) von Wärmepumpen in den letzten Jahren (Quelle: Energieagentur NRW).

Öffnung mit dem Daumen zuhält und oben drückt, wird die Pumpe warm, je mehr man drückt, um so wärmer.

Zwei Parameter charakterisieren im Wesentlichen die Effizienz von Wärmepumpen:

- die Leistungszahl (COP) und
- die Jahresarbeitsarbeitszahl (JAZ).

Diese beiden Angaben beschreiben einerseits die theoretische Leistungsfähigkeit (COP) einer Wärmepumpe, andererseits deren betriebliche Effizienz (JAZ) in Verbindung mit dem angeschlossenen Heizsystem.

Die Leistungszahl COP (englisch: Coefficient of Performance) gibt der Hersteller in den technischen Daten seiner Produktinformation an. Sie ist der Quotient aus der auf dem Prüfstand gemessenen abgegebenen Nutzwärmeleistung (kW) und der für den Antrieb der Wärmepumpe eingesetzten elektrischen Leistung (kW). Die Temperaturen der Wärmequelle (Luft/Wasser) und des Heizungsvorlaufs sind dabei definiert.

Die Jahresarbeitszahl (JAZ) gibt das Verhältnis der im Laufe eines Jahres unter realen Bedingungen abgegebenen Wärmemenge (kWh) bezogen auf die eingesetzte elektrische Energie (kWh) für den Antrieb der Wärmepumpe an, einschließlich Verdichter und Hilfsantriebe (jeweils gemessene Werte). Eine Luft-Wasser-Wärmepumpe mit einer Jahresarbeitszahl von 3,5 erzeugt aus 1 Kilowattstunde (kWh) Strom 3,5 kWh Heizwärme. Je geringer die Temperaturdifferenz zwischen der Wärmequelle und der Wärmeübertragung an die Raumluft ist, desto weniger Energie muss für die Pumpleistung aufgewendet werden.

Wie sind diese Angaben in der Praxis einzuordnen? Die COP entnimmt man technischen Herstellerunterlagen. Um eine BAFA-Förderung zu bekommen, ist eine COP von mindestens 5,5 erforderlich, ab 2023 muss obendrein eine JAZ von mindestens 2,7, ab 2024 von 3,0 erreicht werden. Der Quotient aus aktuellem Strom- und Gaspreis liegt, ohne Berücksichtigung der Investitionskosten bei 0,40/0,15 = 2,7. Rechnet man die Kosten der Wärmepumpe mit ein, sind Jahresarbeitszahlen > 3,5 erforderlich, um mindestens eine ausgeglichene Kostenbilanz zu erreichen.

Zum Erreichen einer hohen Jahresarbeitszahl sind folgende Einflussfaktoren maßgeblich:

- Die Temperaturdifferenz zwischen Umweltwärmequelle und den Systemtemperaturen der Heizung sollte klein sein.
- Daher ist der Einbau in energiesparend gebaute oder sanierte Gebäude empfehlenswert.
- Die Kombination mit einer Niedertemperatur-Flächenheizung oder groß ausgelegten Heizkörpern ist notwendig.
- Die Wahl einer Wärmequelle mit hohen Temperaturen wie Erdreich oder Wasser ist empfehlenswert.
- Eine Kombination mit Solarthermie zur Warmwasserbereitung ist sinnvoll.

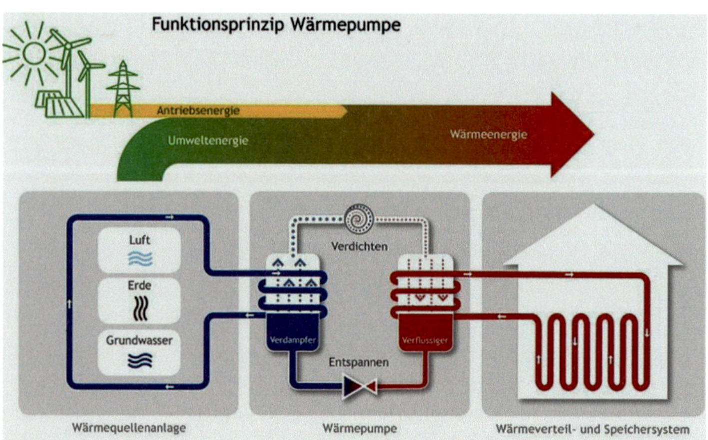

7.3
Funktionsprinzip einer Wärmepumpe (Quelle: Bundesverband Wärmepumpe BWP).
Der Wärmepumpenprozess erfolgt in vier Stufen: verdampfen – verdichten – verflüssigen – entspannen.

Vor der Gaskrise diskutierte man noch die Frage, ob nicht eine Wärmepumpe besser im *bivalenten System* laufen sollte, in dem der vorhandene Gaskessel die Spitzenlasten abdeckt. Das macht heute keinen Sinn mehr, da das Vorhalten des Kessels (Wartung, Schornsteinfegerkosten und Grundgebühr für den Gasanschluss) in keinem Verhältnis steht zum geringeren Wirkungsgrad der Wärmepumpe bei tiefen Außentemperaturen. Wer ohnehin einen Kaminofen vorhält, könnte damit zumindest die Spitzenlasten abpuffern. Aber nur deswegen einen Kaminofen anzuschaffen, wäre ein sehr teures Vergnügen.

Wärmequellen

Umweltwärme aus der Erde, aus Grundwasser oder fließendem Wasser oder aus der Außenluft kann mit Hilfe einer Wärmepumpe auf ein für die Heizung nutzbares Temperaturniveau angehoben werden ($\Delta T < 50°C$). Für die Jahresarbeitszahl (JAZ) der Wärmepumpe ist die Temperaturdifferenz zwischen der Umweltwärmequelle (Luft/Grundwasser/Tiefbohrung) und der gewünschten Nutztemperatur entscheidend. Daher sind Wärmepumpen-Heizungen in Verbindung mit Flächenheizungen mit niedrigen Vorlauf-Rücklauf-Temperaturen (max. 45/35°C) am effizientesten.

Grundsätzlich sind vier verschiedene Arten der Umweltwärmenutzung möglich, die sich vor allem durch die Investition zu ihrer Erschließung unterscheiden. Für die Nutzer stellen sich die Fragen:

- Wie langfristig denken Sie?
- Welche Unwägbarkeiten sind damit verbunden?

Wärmequelle Außenluft

Luft-Wärmepumpen haben sich in den letzten Jahren vor allem im Neubau durchgesetzt, nicht zuletzt wegen der sehr günstigen Bewertung im Gebäudeenergiegesetz (GEG), weil man durch deren Einbau schnell in eine bessere Effizienzklasse rutschte und mehr Fördermittel generieren konnte. Da im Neubau die Heizleistungen selbst gegenüber einem sanierten Altbau in der Regel geringer sind und auch die Ausstattung mit Fußbodenheizungen eher zum Standard geworden ist, fällt der Unterschied in den *Jahresarbeitszahlen* quantitativ geringer aus, so dass sich die Mehrinvestition der Erdbohrung erst sehr spät betriebswirtschaftlich amortisiert.

Bei Luft als Umweltwärmeträger fallen zudem weniger bürokratische Hürden an, die Anlagen sind genehmigungsfrei und müssen auch nicht angemeldet werden.

Es gibt drei Aspekte, die man bei Luft als Wärmeträger berücksichtigen muss:

- die geringe Energiedichte und Nutztemperatur der Wärmequelle,
- die vergleichsweise hohen Schallemissionen,
- und der nahtlose Übergang zur elektrischen Direktheizung bei tiefen Außentemperaturen.

Bei der Nutzung der Luft als Wärmequelle sind die Außentemperaturen entscheidend. Bei Außentemperaturen unter -2 bis -4°C ist ein effizienter Wärmepumpenbetrieb nicht mehr gegeben, wobei nur an relativ wenigen Tagen im Jahr (siehe Abb. 7.4) mit so ungünstigen Temperaturen der Wärmequelle gerechnet werden muss. Die Wärmepumpenheizung wird dann mehr oder weniger zur reinen Stromhei-

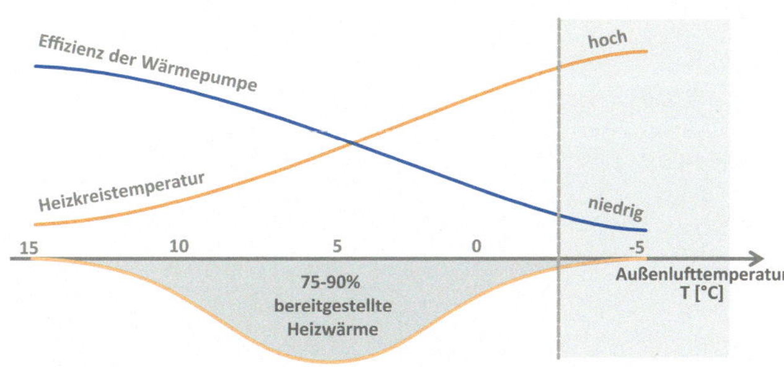

7.4
Verteilung der Heizenergie auf verschiedene Außentemperaturen.
Quelle: Miara, Fraunhofer ISE

zung. In milden Wintern macht das allerdings nur 2 - 5% der Heizenergie aus.

Das erforderliche Außenluft-Gebläse kann mit sehr unangenehmen Geräuschentwicklungen verbunden sein, da für eine effiziente Energienutzung hohe Luftmengen umgewälzt werden müssen. Ein Mindestabstand des Ventilators von 3 m von der Grundstücksgrenze ist einzuhalten, gem. *Technischer Anleitung zum Schutz gegen Lärm* (TA Lärm) dürfen in Wohngebieten tagsüber 50 db und nachts 35 db nicht überschritten werden. Der Ventilator sollte nicht in der Nähe oder in Richtung von Schlafräumen aufgestellt werden, sondern besser in Richtung Straße. Ein hindernisfreier Luftstrom muss gewährleistet sein. Eine frühzeitige Abstimmung mit den Nachbarn vermeidet späteren Ärger. Einen interaktiven Schallrechner findet man unter: https//www.waermepumpe.de/schallrechner/

7.5: Verdampfer einer Split-Luftwärmepumpe (Quelle: Stiebel Eltron).

7.6: Außenaufstellung einer Wärmepumpe. (Quelle: BWP)

Bei Luftwärmepumpen gibt es drei Aufstellarten:

- Ein Vorteil der *Innenaufstellung* ist, dass die Nachbarn nicht unter etwaiger Lärmbelästigung leiden müssen. In der Außenwand ist eine große Öffnung (ca. 60 x 60 cm) notwendig, damit der Luftaustausch stattfinden kann.
- Bei der *Außenaufstellung* direkt vor der Hauswand spart man Platz im Haus. Wegen der größeren Geräuschentwicklung sind schalldämpfende Maßnahmen notwendig.
- Die *Split-Anlage* ist die meistens angewendete Lösung. Die Wärmepumpe steht innen, der Ventilator mit dem Verdampfer außen: mittlere Geräuschentwicklung. Für die Zirkulation des Kältemittels ist nur eine dünne Rohrverbindung zwischen Wärmepumpe (innen) und Verdampfer (außen) erforderlich.

Wärmequelle Geothermie

Zur Erschließung der Umweltwärme werden seit einigen Jahren platzsparende Tiefbohrungen bis in ca. 100 m Tiefe favorisiert, wobei die in die Erde eingebrachten Kunststoffrohr-Wärmetauscher die Erdwärme auf einem relativ hohen und gleichmäßigen Temperaturniveau (ca. 8 - 12°C) erschließen. Je nach Heizleistung, Anzahl der Bohrungen (in der Regel zwischen 1 und 3) und Tiefe der Bohrung sind Mehrkosten gegenüber der Luftwärmenutzung von 8.000 - 12.000 € realistisch.

Grundsätzlich dürfen Sie der Erde nur die Wärme entnehmen, die auf Ihrem Grundstück zur Verfügung steht. Der Mindestabstand der Bohrungen zur Grundstücksgrenze beträgt 3 Meter, zwischen zwei Sonden sollte der Abstand nicht kleiner sein als 6 Meter, um einen gegenseitigen Wärmeentzug zu vermeiden (siehe Abb. 7.7).

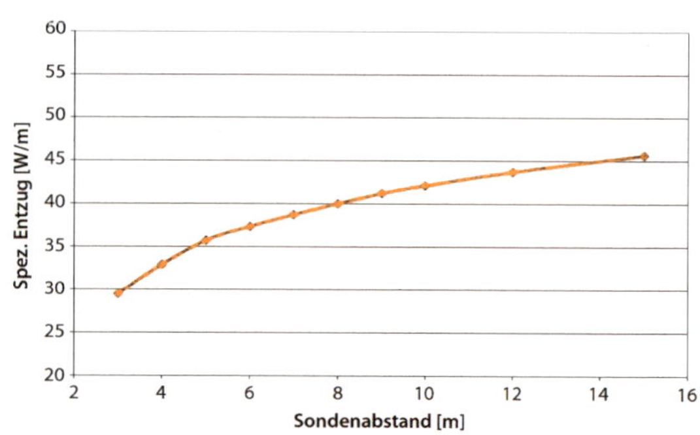

7.7
Spezifischer Wärmeentzug in Abhängigkeit vom Sondenabstand (Quelle: UBeG Dr.E.Mands & M.Sauer GbR).

Es ist eine detaillierte Wärmebedarfsermittlung zu erstellen. Die Leistung der Wärmepumpe in kW und die erforderlichen Betriebsstunden für Heizen und Warmwasserbereitung müssen bekannt sein. Bei vom Standard abweichenden Nutzungen bzw. bei Kühlung mit Geothermie oder auch bei bivalentem Betrieb ist die Lastverteilung über das Jahr wichtig.

Wo aus geologischen oder rechtlichen Gründen eine Tiefenbohrung nicht möglich ist, kann ein in 1,5 - 2 m Tiefe horizontal verlegtes Rohrsystem ebenfalls Erdwärme erschließen. Die Verlegung der Rohrleitungen erfordert aber großflächige Erdarbeiten, obendrein wird durch die Abkühlung des oberflächennahen Erdreiches die Wachstumsperiode der darüber liegenden Gartenvegetation deutlich verkürzt. Im Bestand sind die Arbeiten aufwändig, die Hemmschwelle, einen bestehenden Garten abzutragen, ist hoch. Für eine Entzugsleistung von nur 5 kW benötigt man mindestens 200 m² Grundstücksfläche.

Wärmequelle Grundwasser

Die übers Jahr relativ stabile Temperatur von 6 - 10°C und die hohe Wärmeleitfähigkeit des Wassers ermöglichen einen sehr effizienten Wärmepumpenbetrieb. Aus einer Tiefe von ca. 5 – 25 m wird Grundwasser über einen *Saugbrunnen* gefördert, die Wärme per Wärmetauscher der Wärmepumpe zugeführt und danach das abgekühlte Wasser über einen Schluckbrunnen zurückgeleitet. Die Wasserqualität muss geeignet sein: zu viel Eisen oder Mangan führt zu Ablagerungen und verstopft den Wärmetauscher. Die Brunnen sollten mindestens 15 Meter auseinander liegen, um sich nicht gegenseitig zu beeinflussen. Die Anlage muss regelmäßig gewartet werden. Grundsätzlich besteht die Gefahr des Versandens der Brunnen. Die Voruntersuchung und die Planung sind aufwändig, bei der unteren Wasserbehörde ist eine Genehmigung einzuholen.

Stromkosten (in €) von Wärmepumpen in Abhängigkeit von der Jahresarbeitszahl

JAZ	Jahresverbrauch 10.000 kWh	15.000 kWh	20.000 kWh
2,5	1.600 €	2.400 €	3.200 €
3,0	1.333 €	2.000 €	2.667 €
3,5	1.143 €	1.714 €	2.286 €
4,0	1.000 €	1.500 €	2.000 €
4,5	889 €	1.333 €	1.778 €
5,0	800 €	1.200 €	1.600 €
Erdgas	1.500 €	2.250 €	3.000 €

7.9
Stromkosten einer Wärmepumpe in Abhängigkeit von der Jahresarbeitszahl und vom Jahresenergieverbrauch (Strom: 0,40 €/kWh, Gas 0,15 €/kWh).

Vergleich Wärmequellen

Parameter / Quelle	Luft	Erdreich Bohrung	Erdkollektor	Grundwasser
spez. Entzugsleistung	1,5 - 3 W/m³	30 – 60 W/m	10-30 W/m²	3-4 W/Liter
für 10 kW Heizleistung	2000-4000 m³/h	2-3 Bohrungen à 70-99 m	350 - 1.000 m²	3 m³/h
Vorteile	relativ geringe Kosten	hohe Wärmeleistung wartungsfrei	mittlere Wärmeleistung, wartungsfrei, genehmigungsfrei	hohe Wärmeleistung
Nachteile	geringe Wärmeleistung, störende Ventilator-geräusche	nicht überall möglich, Genehmigung erforderlich	hoher Aufwand im Bestand verkürzte Vegitations-periode	eher selten möglich, Genehmigung erforderlich, je nach Wasserqualität hohe Gefahr des Versandens
Kosten (netto) bei 10 kW Heizleistung	1.000 - 2.000	8.000 - 12.000	8.000 -15.000	5.000 -10000
JAZ	2,8 - 3,8	3,8 - 4,8	3,6 - 4,4	4,4 - 5,2

7.8: Kriterien für die Auswahl von Umweltwärmequellen.

Pufferspeicher

Der Pufferspeicher erfüllt in der Wärmepumpenheizung verschiedene Aufgaben. Zum einen dient er der hydraulischen Entkoppelung von Wärmepumpe und den einzelnen Heizkreisen, zum anderen gleicht er Wärmeangebot und -nachfrage aus. Bei älteren Wärmepumpen war ein Pufferspeicher erforderlich, um das Takten zu reduzieren und den mechanischen Verschleiß der Wärmepumpe zu minimieren. Heute sind modulierende Wärmepumpen Standard, deren Heizleistung durch die Motorsteuerung in Grenzen der jeweiligen Heizlast angepasst werden kann.

Eine wesentliche Funktion des Pufferspeichers liegt heute darin, aus überschüssigem Solarstrom erzeugte Wärme für Heizung und Warmwasser zu speichern. Die Kapazität eines Pufferspeichers hängt von zwei Faktoren ab:

- von der Größe bzw. dem Volumen des Speichers (in Liter),
- vom nutzbaren Temperaturniveau.

Eine Wärmepumpe sollte den Speicher auf maximal 60°C aufheizen. Je nach Nutztemperatur des Heizsystems (Flächenheizung oder Heizkörper) fällt die verfügbare Speicherkapazität sehr unterschiedlich aus.

Ein Beispiel:

An einem mittelkalten Tag beträgt die erforderliche Heizleistung 4 kW, der Verbrauch beträgt 4 kWh/Stunde. Anhand der Tabelle 7.10 können Sie ermitteln, wie lange das Haus über den Speicher geheizt werden kann.

Eine Photovoltaikanlage mit einer Leistung von 5 kW_p kann an sonnigen Wintertagen durchaus bis zu 20 kWh Strom erzeugen, den die Wärmepumpe tagsüber nutzt, um Wärme für die Nacht zu speichern. Das indirekte Speichern von Solarstrom in Form von Wärme ist wesentlich preiswerter als die Batteriespeicherung, allerdings zeitlich auch nur eingeschränkt nutzbar. Bezogen auf die gesamte Heizperiode kann, abhängig von der Größe der PV-Anlage und des Speichers (therm./elektrisch), ein solarer Deckungsanteil in der Größenordnung von max. 30% erreicht werden.

Fußboden- und Wandheizungen benötigen hydraulisch nicht unbedingt einen Pufferspeicher, sofern das Rohrsystem über genügend Wasservolumen verfügt und ein kontinuierlicher, für den effizienten Betrieb der Wärmepumpe notwendiger *Mindestvolumenstrom* gewährleistet ist.

Wärmeübertragung im Haus

Die Effizienz oder auch die Jahresarbeitszahl (JAZ) einer Wärmepumpe hängt neben der Art der Wärmequelle (Luft, Wasser oder Erdreich) entscheidend von der Wärmeübertragung an die Räume und der der dafür erforderlichen Heizflächentemperatur ab. Grundsätzlich gilt: Je niedriger die Vorlauftemperatur der wärmeübertragenden Flächen, desto höher und günstiger ist die JAZ.

Wärmeleistung Pufferspeicher 60° (kWh)

Speichergröße	Nutztemperatur 28°C	35°C	42°C	48°C
300 l	11,2 kWh	8,7 kWh	6,3 kWh	4,2 kWh
500 l	18,6 kWh	14,5 kWh	10,5 kWh	7,0 kWh
800 l	29,8 kWh	23,3 kWh	16,7 kWh	11,2 kWh

Speichertemperatur 60°C, spez. Wärme Wasser 1,163 Wh/kgK

7.10
Wärmeleistung eines Pufferspeichers in Abhängigkeit von seiner Größe und der Nutztemperatur des Heizsystems.

Veränderung der Radiator-Heizleistung bei Absenkung der Vorlauftemperatur (W)

Radiatorgröße	Vorlauftemperatur 70/55°C	55/45°C	45/36°C
22 - 600/1400	1.828 W	1.156 W	693 W
22 - 900/900	1.610 W	1.006 W	595 W
33 - 600/600	1.114 W	699 W	415 W

7.11
Beim Absenken der Vorlauftemperatur geht die Heizleistung nahezu linear zurück. Für alle gängigen Radiatoren kann man über ein Excel-Tool der Hersteller die Leistung bei jeder beliebigen Temperatur ermitteln.

Lange Zeit hielt man beim Einsatz von Wärmepumpen ausschließlich Flächenheizungen mit Vorlauftemperaturen von max. 35°C für geeignet. In den letzten Jahren ist man zunehmend zu der Überzeugung gelangt, dass auch die Wärmeübertragung mittels konventioneller Heizkörper unter gewissen Bedingungen für den Wärmepumpenbetrieb in Betracht kommt. Verschiedene Untersuchungen (siehe Tab. 7.13) bestätigen diese Einschätzung eindeutig. Gegenüber einer Flächenheizung brauchen konventionelle Heizkörper eine höhere Vorlauftemperatur, so dass sich die JAZ sich um ca. 0,5 nach unten verschiebt.

Wann kann man eine Wärmepumpe mit konventionellen Heizkörpern betreiben?

Grundsätzlich macht es wenig Sinn, ein nicht saniertes Gebäude mit den vorhandenen Heizkörpern auf eine Wärmepumpenheizung umzustellen. Durch die Dämmung der Gebäudehülle wird der Wärmebedarf jedoch entscheidend reduziert, so dass die vorhandenen Heizkörper in vielen Fällen ausreichen und weiterverwendet werden können.

Das lässt sich an einem Beispiel (siehe Tabelle 7.14) verdeutlichen: Bei einem Eckraum mit 20 m² Grundfläche, der im unsanierten Zustand einen Wärmebedarf von etwa 1.700 W hat, lässt sich der Wärmebedarf durch Dämmung der Außenwände und Austausch der Fenster auf gut die Hälfte reduzieren. Somit könnte man die Vorlauftemperatur von 70°C auf 48°C absenken, so dass mit der Wärmepumpe noch eine ganz ordentliche JAZ erreicht wird, ohne

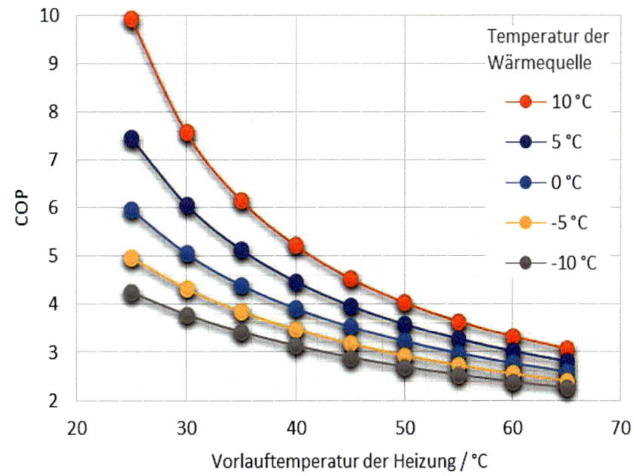

7.12
COP einer Wärmepumpe in Abhängigkeit von der Temperatur der Wärmequelle und der Vorlauftemperatur (Quelle: GZB).

7.13
Effizienz von Luft-Wärmepumpen bei verschiedenen Wärmeübergabesystemen, Ergebnisse einer Evaluierung von Bestandsanlagen (Quelle: M. Miara, Frauenhofer ISE).

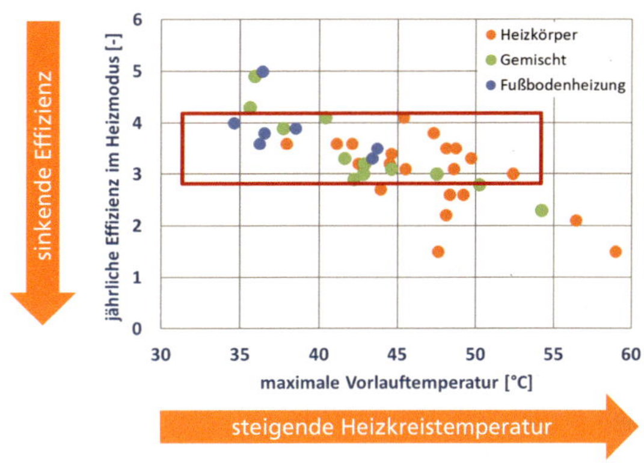

Reduktion der Heizleistung durch Dämmmaßnahmen

20 m² Raumgröße	Flächen m²	U-Wert vorher	U-Wert nachher	Wärmeverlust vorher	Wärmeverlust nachher
Außenwand	19,4	1,4	0,55	815 W	320 W
Fenster	4	3,0	0,9	360 W	108 W
Fussboden	20	0,6	0,6	180 W	180 W
Lüftung	LWR 0,4			204 W	204 W
Summe				1.559 W	812 W
Heizkörper Vorlauf-/Rücklauftemperatur				70/55°C	48/40°C
Stromkosten der Wärmepmpe JAZ = 3,5 JAZ = 3,0					232 €/a 271 €/a
Kosten Gasheizung					325 €/a

7.14
Reduktion der Heizleistung durch Dämmmaßnahmen und dadurch mögliches Absenken der Vorlauftemperatur.

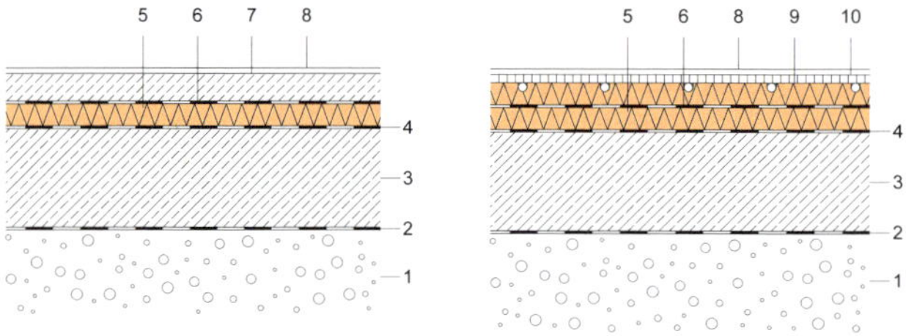

1 Kiesschüttung
2 Trennlage
3 Bodenplatte
4 Schweißbahn
5 Wärmedämmung
6 Trennlage
7 Estrich
8 Bodenbelag
9 Dämmplatten mit Nut für Heirohre
10 lastverteilende Platte

7.15
Ersetzen des vorhandenen Zementestrichs durch einen gedämmten Trockenaufbau mit Fußbodenheizung. Der U-Wert verbessert sich dadurch von 0,6 auf 0,28 W/m²K, die JAZ um ca. 0,5.

die Heizkörper zu vergrößern. Wenn man allerdings ohnehin die Fußböden erneuert, dann kann man grundsätzlich auch über den nachträglichen Einbau einer Fußbodenheizung nachdenken. Bei schlecht gedämmten Fußböden im Erdgeschoss bietet sich das ggf. an, um die *Fußkälte* zu vermindern und den Wärmebedarf weiter zu reduzieren. Allerdings sind die Kosten mit mindestens 150 - 200 €/m² relativ hoch.

Grob überschlagen sähe die Rechnung folgendermaßen aus: Die JAZ würde sich durch die Flächenheizung um ca. 0,5 verbessern (von 3,5 auf 4,0). Die Differenz der Stromkosten läge bei ca. 32 - 40 €/a (bei 0,40 €/kWh).

7.2.2 Biomasseheizung

Die bekannteste und meist verwendete Biomasseheizung in Wohnhäusern ist die Pelletheizung. Dieses Heizsystem ist seit ca. 20 Jahren in Deutschland verbreitet, 2022 waren in Deutschland ca. 650.000 Pelletheizungen und Pelletkaminöfen in Betrieb. Die Euphorie ist in den letzten Jahren zurückgegangen, nicht zuletzt wegen der Feinstaubentwicklung und der manchmal langen Transportwege des Brennstoffs. Pellets werden mittlerweile global gehandelt.

Pelletheizungen sind aufgrund ihrer aufwändigen Infrastruktur (Lagerung, Transportschnecke etc.) vergleichsweise teuer (Kosten ähnlich wie Wärmepumpen), der Brennstoff selbst ist allerdings wesentlich günstiger (ca. 11 ct./kWh) als die fossilen Wettbewerber. Bei hohem Verbrauch (>30.000 kWh/a), z.B. wenn Altbauten nicht energetisch verbessert werden können, kann eine Pelletheizung kostengünstiger betrieben werden als eine Wärmepumpen- oder Gasheizung.

Pelletkessel sind im Vergleich zu Gasheizungen und Wärmepumpen eine solide, fast rustikale Technik, die allerdings mit einer höheren Wartungsintensität und regelmäßigen Ascheentleerungen verbunden ist. Technisches Grundwissen und die Lust, sich hin und wieder zu kümmern, sind von Vorteil – damit sind Pelletheizungen eher ungeeignet für die *Smarthome*-Generation.

Vor- und Nachteile von Pelletkesseln

Vorteile	Nachteile
Nachwachsender Brennstoff	Hohe Anschaffungskosten
Solide, langlebige Technik	Hoher Platzbedarf für Brennstofflager
Günstige Betriebskosten	Hoher Wartungs- und Reinigungsaufwand
Zuschüsse und Fördermöglichkeiten	Lange Transportwege verschlechtern die Ökobilanz
Einhaltung des Wärmegesetz für Erneuerbare Energien	Feinstaubemissionen

7.16: Vor- und Nachteile von Pelletheizungen.

7.2.3 Infrarotheizung

Das Grundprinzip der Infrarotheizung ist einfach: Mittels Strom aus der Steckdose wird an der Heizfläche *infrarote* Strahlung erzeugt. Der Infrarotheizkörper bestrahlt damit den Raum und erwärmt neben der Luft vor allem Gegenstände und Personen im Umkreis von ca. 3 m. Man kann das Prinzip mit der Wirkung von Sonnenstrahlung vergleichen.

Als Grundheizsystem ist eine Infrarotheizung für den Altbau in der Regel ungeeignet. Allerdings können kleine mobile Infrarotheizkörper mit 300 - 500 W Anschlussleistung unterstützend zur temporären Raumheizung bei sehr niedrigen Außentemperaturen sinnvoll eingesetzt werden. Wenn nur einzelne Räume vorübergehend angenehm warm werden sollen, können die Lastspitzen abgepuffert werden, in Zeiten, in denen die Wärmepumpe am wenigsten effizient läuft.

Ein Beispiel: Ihre durchschnittliche Raumtemperatur beträgt 19°C, Sie hätten es aber abends im Wohnzimmer gerne etwas wärmer, z.B. 22°C. Wenn Ihre Wärmepumpe eine höhere Pumpleistung für 3°C Temperaturerhöhung erbringen muss, würde diese etwa 7 - 8% mehr Energie verbrauchen. Um die Vorlauftemperatur nicht im ganzen Haus erhöhen zu müssen, kann diese Variante sinnvoll sein.

7.17
Rollbarer Infrarotheizkörper, 500 W, ca.750/500/15mm mit eingebautem digitalem Raumthermostaten, Anschluss über die Steckdose. (Quelle: Ximax)

7.3 Warmwasser-Bereitung

Grundsätzlich sind im Vorfeld folgende Fragen zu klären:

- Wieviel Warmwasser brauchen Sie tatsächlich?
- Wieviel Warmwasser wird auf einmal gebraucht (z.B. für die Badewanne)?
- Wie viele Zapfstellen hat Ihr Haushalt, wie weit sind diese voneinander entfernt?
- Was ist vorteilhaft, Direkterwärmung und/oder Speicherung?
- Soll die Warmwasserbereitung separat erfolgen oder ins Heizsystem integriert werden?
- Welche Technik eignet sich für welches Verbrauchsprofil?

Unter dem Aspekt einer zukünftig strombasierten Wärmeerzeugung kommen grundsätzlich folgende Warmwasserbereitungsarten in Betracht:

- über die Heizungswärmepumpe,
- über eine separate Warmwasserwärmepumpe,
- über einen oder mehrere elektrische Durchlauferhitzer
- oder in Kombination mit einer thermischen Solaranlage.

Entscheidungskriterien

Wenn Sie ohnehin eine Wärmepumpe einbauen, dann ist es meist sinnvoll, auch die Warmwasserbereitung einzubeziehen, bei hohem Verbrauch eventuell ergänzt durch eine thermische Solaranlage (siehe Kap. 4.2). Wenn Sie Ihre bisherige Gasheizung weiter laufen lassen, dann ist bei hohem Verbrauch auch hier eine thermische Solaranlage sinnvoll. Betreiben Sie eine Photovoltaikanlage, so kommt bei hohem Verbrauch eine kleine Brauchwasserwärmepumpe in Betracht oder bei geringem Verbrauch ein oder mehrere dezentrale Durchlauferhitzer. Wenn Sie keine Badewanne haben, dann reicht auch ein Brauchwasserspeicher von ca. 80 Liter. Achten Sie auf den spezifischen Wärmeverlust des Speichers (in kWh/24h). Rechnen Sie die Differenz von 0,5 kWh/d einmal auf 20 Jahre Lebensdauer des Speichers hoch: 3.650 kWh – da kann der besser gedämmte Speicher doch ruhig etwas mehr kosten.

Thermische Solaranlagen

Die thermischen Solaranlagen, die man seit den 1980er Jahren eingebaut hat, sind in den letzten 10 Jahren etwas aus der Mode gekommen bzw. standen irgendwann in direkter Konkurrenz zur Photovoltaik. Die Photovoltaik – und damit die elektrische Warmwasserbereitung – bietet gegenüber der thermischen Solaranlage den Vorteil, dass die Effizienz der Anlage unabhängig vom Verbrauchsprofil gegeben ist. Eine PV-Anlage kann eigentlich nie zu groß ausgelegt werden, im Zweifelsfall kann man die überschüssige Energie ins öffentliche Stromnetz einspeisen, auch wenn das betriebswirtschaftlich nicht die günstigste Variante darstellt. Immerhin geht die Energie volkswirtschaftlich nicht verloren. Wenn man ohnehin eine große PV-Anlage betreibt, dann sollte man es bei einem System belassen; eine zusätzliche thermische Anlage wäre ein zusätzliches technisches System, das nicht nur gestalterisch eingebunden, sondern auch separat gewartet werden muss.

Eine thermische Solaranlage bestehend aus Sonnenkollektor, Wärmespeicher und Regelung läuft immer im sogenannten *Inselbetrieb.* Der nach wie vor bestehende Schwachpunkt ist die eigentlich immer unzureichende Größe des Wärmespeichers, da er die begrenzte eingespeiste Wärmemenge nur für eine begrenzte Zeit speichern kann. Wenn der Speicher im Sommer vollgeladen ist, weil wohlmöglich in der Ferienzeit keine Wärmeentnahme erfolgt, schaltet der Kollektor automatisch ab, um Schäden an der Anlage zu vermeiden.

Für die optimale Auslegung einer thermischen Solaranlage ist das individuelle Nutzungsprofil (Warmwasserverbrauch, Nutzergewohnheiten) zugrunde zu legen. Faustwerte für die Größe der Kollektorfläche entnehmen Sie Tab. 7.19. Auch hier gilt der Grundsatz: Wer viel verbraucht, kann auch viel sparen. Für Haushalte mit geringem Warmwasserverbrauch unter 80 l/d macht eine thermische Anlage wenig Sinn.

Solarthermie vs. Photovoltaik

4,8m² Brauchwassersolaranlage incl. Speicher		5.500 €
Energiegewinn (thermisch)	4,8 m² *400 kWh/m²a	1920 kWh
Wert des Energiegewinns	0,15 €/kWh * 1920 kWh/a	288 €/a
rechnerische Amortisation		19,1 Jahre
2,5 kW_p Photovoltaik		5.500 €
Energiegewinn (elektrisch)	2,5 kW_p * 900 kWh/kW_p	2.250 kWh
Eigenverbrauch	0,30 * 0,40 €/kWh * 2250	270 €/a
Einspeisung	0,70 * 0,08 €/kWh	129 kWh
Wert des Energiegewinns		399 €/a
rechnerische Amortisation		13,8 Jahre

7.18
Überschlägiger Kosten-Nutzen-Vergleich zwischen einer thermischen und einer stromerzeugenden Solaranlage. Die wirtschaftliche Rechnung geht zugunsten der Photovoltaik auf, allerdings beansprucht die thermische Anlage weniger als halb so viel Platz auf dem Dach. Wenn man die BAFA-Förderung von 25% berücksichtigt, halten sich beide Systeme in etwa die Waage. Aber: Thermischen Solaranlagen nutzen vor allem denjenigen, die viel Warmwasser verbrauchen. Je öfter der Speicher leergeduscht worden ist, desto effizienter läuft der Kollektor!

Faustwerte für thermische Solaranlagen

		Flach-kollektor	Vakuum-kollektor
Energieertrag	kWh/m²a	400	550
Größe	m²/Pers.	1,2 - 1,8	0,8 - 1,2
Speichergöße/Pers.	l/Pers.	70 -120	70 - 120
Kosten	€/kWh	0,16 - 0,18	0,18 - 0,22

7.19
Faustwerte für die Auslegung thermischer Solaranlagen.

Ist eine thermische Solaranlage zur Heizungsunterstützung sinnvoll?

Die solare Heizungsunterstützung wurde bis vor etwa 15 Jahren propagiert, ist aber aus heutiger Sicht nicht mehr zu empfehlen. Die dafür erforderliche Kollektorgröße (mehr als 10 m^2 bei Heizungsunterstützung) leistet in den Wintermonaten nur einen geringen Heizbeitrag. Denn die Effizienz der Kollektoren erreicht nur etwa ein Drittel der Effizienz eines reinen Brauchwasserkollektors. Im Sommer wird viel überschüssige Wärme produziert, die verpufft. Insgesamt liegt der jährliche Ertrag qualitativ und quantitativ unterhalb einer Photovoltaikanlage, die deshalb auf den verfügbaren Dachflächen eine höhere Priorität genießt.

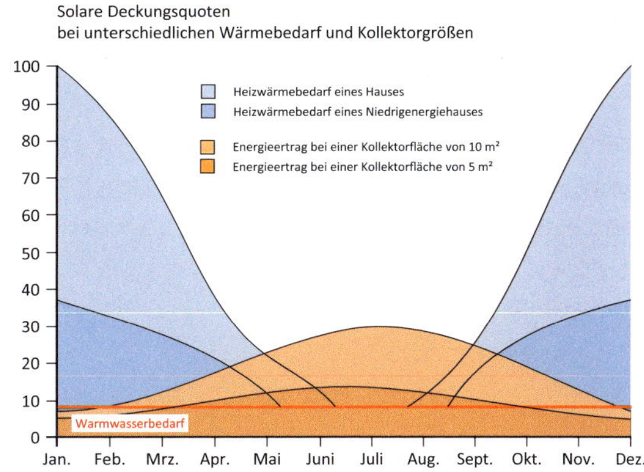

7.20
Eine auf Heizungsunterstützung ausgelegte Solaranlage deckt den Wärmebedarf zur Trinkwassererwärmung sehr weitgehend und liefert in der Übergangszeit gewisse Beiträge zur Raumheizung. Allerdings geht ein Großteil der sommerlichen Energiegewinne als Überschuss verloren (Quelle: [1]).

7.4 Haushaltsstrom

Der Stromverbrauch für die klassischen Anwendungen (siehe Kap. 4) wird durch effizientere Technik weiter sinken. Trotzdem wird der Stromverbrauch im Haushalt voraussichtlich erheblich zunehmen, weil die Einsparung durch mehr Komfort (z.B. größerer Fernseher, Kühlvolumen etc.) und den Zuwachs an elektrischen Geräten kompensiert wird (sog. *Reboundeffekt*). Hinzu kommen die Verbräuche für Wärmepumpe und Elektromobilität. So wird in Zukunft die eigene Stromerzeugung zur Messlatte für die private Energiebilanz.

Photovoltaik

Von den 16,1 Mio. Ein- und Zweifamilienhäusern in Deutschland verfügen bisher knapp 10% über eine Photovoltaikanlage, während etwa 60% aller Dachflächen für PV-Anlagen geeignet sind.

Vergleicht man alle energetisch relevanten baulichen und technischen Investitionen in ein Gebäude, so verdient eine solche Anlage hohe Priorität. PV-Anlagen sind ausgereift und haben einen technischen Entwicklungsstand erreicht, bei dem man nicht viel falsch machen kann.

Im Gegensatz zur thermischen Solaranlage lautet der Dimensionierungsgrundsatz: So groß wie möglich. Je mehr Module Sie auf Ihrem Dach installieren, desto höher Ihr Selbstversorgungsgrad. Es ist ein sinnvolles Ziel, mittelfristig so viel Strom zu erzeugen, wie man im Haushalt und für die Mobilität verbraucht.

Derzeit werden die meisten Photovoltaik-Module und Batterien in China und Korea gefertigt, aber auch die europäische Produktion kommt langsam voran. Deutschland war bis 2012 führend in der Solarzellenproduktion, in Hochzeiten bot die Solarbranche über 110.000 Arbeitsplätze, vom Solarzellenhersteller bis zum Handwerksbetrieb. Durch die Kürzung der Photovoltaikförderung für Großanlagen brachen innerhalb weniger Jahre rund 70% der Arbeitsplätze in der deutschen PV-Produktion weg.

Bestandteile eine Photovoltaikanlage

Das Kernstück jeder Anlage bilden die Solarmodule. In Deutschland werden zur Zeit zu 85 Prozent Module aus monokristallinen, anthrazitfarbenen Solarzellen verbaut, die bei älteren Anlagen bläulich schimmernden polykristallinen Zellen kommen aufgrund ihres um ein Fünftel geringeren Wirkungsgrades bei Wohngebäuden praktisch nicht mehr zum Einsatz. Monokristalline Module erreichen in der Praxis Wirkungsgrade von bis zu 22%. Die meisten Module bestehen aus 60 monokristallinen Solarzellen, die meist 156 mm x 156 mm groß sind. Der Trend geht zu sogenannten *Halbzellenmodulen* – diese sind effizienter: Wird nur eine Hälfte des Moduls verschattet, erbringt die andere Modulhälfte weiterhin ihre volle Leistung. Die in der Mitte des Moduls befindlichen Freilaufdioden teilen das Modul auch optisch in zwei Hälften.

Übliche Abmessungen eines durchschnittlichen PV-Moduls liegen bei 1.700 – 1.800 mm x 1.000 – 1.100 mm. Die Spitzenleistung diese Module bewegt sich zwischen 380 und 420 W_{peak}. Entsprechend wird für 1 kW_{peak} PV-Leistung heute eine Fläche von 4,5 - 5 m^2 benötigt.

Leistung, Flächenbedarf und Ertrag von Photovoltaikanlagen

Inst. Leistung	notwendige Dachfläche		Jährlicher Ertrag
kW_p	Süd	Ost/West	kWh/a
4	20 m²	26 m²	3.600
8	40 m²	52 m²	7.200
12	60 m²	78 m²	10.800
16	80 m²	104 m²	14.400

7.21: Flächenbedarf und Ertrag von Photovoltaikanlagen (bei Dachneigung 45°).

Planungskriterien für Photovoltaikanlagen

Grundsätzlich gilt: Alle Süd-, Ost- und Westdachflächen eignen sich für eine photovoltaische Nutzung. Das 45° geneigte Dach erreicht zwar die maximale solare Ausbeute, aber aufgrund der doch mittlerweile moderaten Modulpreise können Einstrahlungsverluste durch abweichende Ausrichtung durchaus akzeptiert werden. Bei Ost- und West-Dächern sind die Gewinne in den Morgen- und Abendstunden höher und lassen sich besser mit dem individuellen häuslichen Stromnutzungsprofil vereinbaren.

Achtung: Ost-/West-Dachflächen hinter Dachgauben sind weniger geeignet, da die Verschattung durch die Gaube zu hohen Ertragseinbußen führt.

Wie gehen Sie vor:

- Sie ermitteln die Größe und Ausrichtung der möglichst unverschatteten Dachflächen und berechnen die dort unterzubringende Anzahl der Module. Beachten Sie die Standardmaße.
- Ermitteln Sie anhand der Einstrahlungsscheibe (Abb. 7.24) ggf. den Reduktionsfaktor für den Energiegewinn.

7.22
Schlichte Satteldachflächen ohne Dachgauben lassen sich am einfachsten und gestalterisch ansprechend mit einer großen Photovoltaik-Anlage belegen. Beim Umdecken eines vorhandenen Daches passt eine anthrazitfarbene glatte Eindeckung (z.B. Tegalith, Fa. Braas) am besten zu den PV-Modulen.

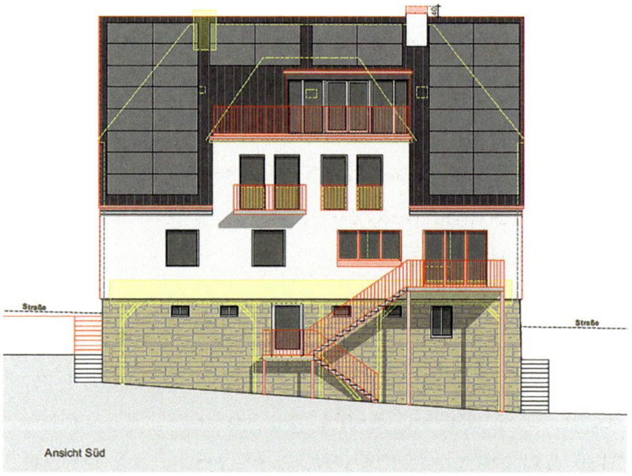

7.23
Sanierung eines Mehrfamilienhauses in Dresden. Im Rahmen der Sanierung wird das vorhandene Walmdach zum Satteldach umgebaut und die Gaube mit einem Flachdach versehen. Somit entsteht mehr Platz für eine neue Wohnung im Dachgeschoss und eine optimierte und klar gestaltete Solardachfläche mit einer Leistung von ca. 16 kW_p (Quelle: www.gabriel-architekten.de).

- Ermitteln Sie, wieviel Strom Sie in Zukunft verbrauchen werden, für Haushalt, Wärmepumpe, E-Auto usw.
- Welchen Selbstversorgungsgrad möchten Sie erreichen?
- Welche Investition können und wollen Sie tätigen?

Die mit Photovoltaikmodulen zu belegende Dachfläche sollte energetisch saniert sein. Da sich bei Bestandsgebäuden die Dächer in der Regel nur von außen energetisch sanieren lassen (siehe Kap.6.5), müsste die Photovoltaik sonst nochmal ab- und wieder aufgebaut werden. Ausnahme: Das Dachgeschoss wird aktuell und in den nächsten 20 Jahren absehbar weder geheizt noch genutzt.

Im Rahmen der Sanierung sollte die Dachfläche soweit begradigt und aufgeräumt werden, dass möglichst viele Module auf der Dachfläche angeordnet werden können und sich insgesamt ein optisch ansprechendes Bild ergibt (siehe Abb. 7.23). Im Zweifelsfalle ist z.B. zu überlegen, ob man eine Dachgaube durch ein großes Dachflächenfenster ersetzt. Eine Dachgaube mittlerer Größe (einschl. Schattenwurf) reduziert die nutzbare Dachfläche um ca. 20 m^2. Auf 20 Jahre hochgerechnet könnten auf dieser Fläche bis zu 70.000 kWh Strom erzeugt werden.

Bei optimalen Bedingungen lassen sich in Norddeutschland pro installiertem kW_p jährlich etwa 900 kWh/a erzeugen, in Süddeutschland bis zu 1.100 kWh/a. Ganz grob verteilen sich die Gewinne zu 2/3 auf das Sommerhalbjahr und zu einem Drittel auf das Winterhalbjahr.

Photovoltaikanlagen auf Wohnhäusern sind überwiegend als Anlagen mit Eigenversorgung ausgelegt: Zuerst wird Ihr Hausnetz mit Strom versorgt, und sobald nicht genügend Stromabnehmer vorhanden sind, wird der Überschuss ins Netz eingespeist. Da der selbsterzeugte und -genutzte Strom nicht aus dem Netz bezogen werden muss, sparen Sie zur Zeit ca. 0,40 €/kWh ein. Für Ihren ins Netz eingespeisten Überschussstrom erhalten Sie eine feste Einspeisevergütung (siehe Tab. 7.25).

Wenn Sie sich entschließen, eine möglichst große Photovoltaikanlage auf Ihr Dach zu bauen, obwohl Sie noch keine Wärmepumpe oder Elektroauto haben, dann kann es evtl. günstiger sein, die Einspeisung erst einmal über 2 Wechselrichter laufen zu lassen; ein Teil der Anlage läuft dann für die Selbstversorgung mit Überschusseinspeisung, der andere über die Volleinspeisung (diese Betriebsart erfordert auch einen 2. Einspeisezähler). Bei einer Differenz der Vergütung von 4,8 ct/kWh lohnt es sich, das einmal durchzurechnen.

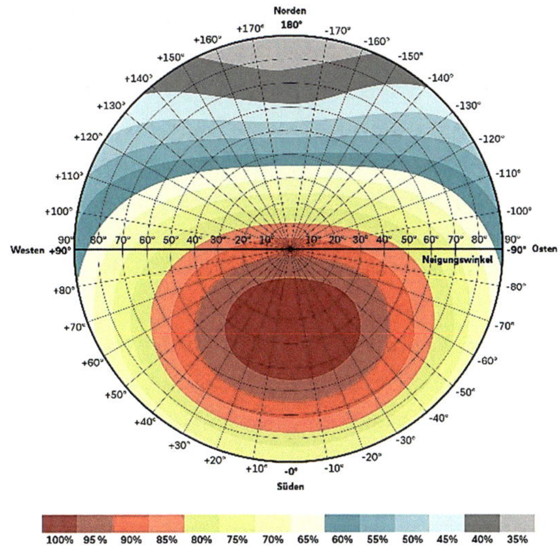

7.24
Einstrahlungsscheibe. Im Gegensatz zu früheren Meinungen, es würde sich nur eine nach Süden, Süd-Ost, Süd-West und im Winkel von 30-60° ausgerichtete PV-Anlage lohnen, belegt man heute aufgrund günstiger Modulpreise auch andere Flächen bei akzeptabler Strahlungsausbeute (Quelle: eon).

Einspeisevergütung für PV-Strom 2023

	Anlagengröße	Vergütung
Eigenversorgung	≤ 10 kW_p	8,2 ct/kWh
Überschusseinspeisung	>10 ≤ 40 kW_p	7,1 ct/kWh
Volleinspeisung	≤ 10 kW_p >10 ≤ 40 kW_p	13 ct/kWh 10,9 ct/kWh

7.25
Aktuelle Einspeisevergütung für selbst erzeugten Strom. Bei einer 15 kWp-Anlage mit Eigenversorgung erhält man somit für die ersten 10 kWp 8,2 ct/kWh und für die verbleibenden 5 kWp 7,1ct/kWh, im Durchschnitt also 7,8 ct/kWh.

Je höher die Eigenverbrauchsquote, desto günstiger fällt auch die betriebswirtschaftliche Bilanz aus. Kleinere Anlagen im Bereich von 3 - 5 kW_p erreichen eine Quote von max. 30%, mit Batterie max. 60%. Der Eigenverbrauch lässt sich durch zeitlich gezielten Stromverbrauch beeinflussen, z.B. Waschen, Trocknen, Spülen und Laden des Elektroautos tagsüber bei Sonnenschein. Eine Smart-Grid-Schnittstelle kann bei Überschuss-Stromerzeugung z.B. gezielt Wärmepumpe, Waschmaschine und Autobatterie ansteuern.

Kosten von PV-Anlagen

Die degressive Preisentwicklung der letzten 20 Jahre hat dazu geführt, dass trotz sinkender Einspeisevergütung Photovoltaikanlagen nach wie vor zu den wirtschaftlichsten und sinnvollsten Investitionen im Alt- und Neubau gehören. Die aktuelle Strompreisentwicklung hat zu einem Boom von Anlagen, aber auch zu Lieferengpässen bei einzelnen Komponenten geführt. In Tab. 7.26 sind die ungefähren Kosten zusammengestellt. In letzter Zeit werden vermehrt Mietmodelle für Photovoltaikanlagen angeboten. Wenn Sie einmal scharf nachrechnen, werden Sie feststellen, dass diese Modelle vorzugsweise dem Anbieter dienen.
Ertrag online berechnen: https://www.solarserver.de/pv-anlage-online-berechnen/

Kostenrichtwerte für Photovoltaikanlagen

Bauteil- bzw. Anlagen-Kosten (netto ohne MWST.)

Komponente	spezifisch €/W_{peak}	4 kW_p-Anlage	10 kW_p-Anlage
Module à 400 W	0,6 - 0,8	2.800 €	7.000 €
Befestigungssystem	0,25 - 0,35	1200 €	3.000 €
Wechselrichter	0,25 - 0,35	1.400 €	2.500 €
Installation und Montage	0,3 - 0,4	1.600 €	3.000 €
Batteriespeicher incl. Smart Grid	0,8 - 1,0	4.000 €	8.000 €
Gesamt	2,2 - 2,9	11.000 €	23.500 €

7.26
Kostenrichtwerte für Photovoltaikanlagen – regional und nachfragebedingt sind erhebliche Abweichungen möglich.

Speicherung

Überschüssiger Strom aus einer Photovoltaikanlage lässt sich grundsätzlich thermisch oder elektrisch speichern. Welche Aspekte sind dabei von Bedeutung? Wofür soll man sich entscheiden?

- In welchen Mengen werden Strom und Wärme benötigt?
- Welche Speicherzeiträume sind notwendig bzw. anzustreben?
- Welche technischen Anforderungen bestehen mit welchem Platzbedarf?
- Welche Kosten entstehen?
- Mit welcher Lebensdauer des Speichermediums kann gerechnet werden?

Es ist naheliegend, selbsterzeugten Strom dezentral zu speichern, um eine gewisse Unabhängigkeit vom Tagesverlauf der Sonne sowie von den Stromversorgern zu erreichen. Im Haushalt und für die E-Mobilität praktisch nutzbar ist zur Zeit die elektrochemische Speicherung in Form von Lithium-Ionen-Batterien. Die anderen Formen der Energie speicherung mechanisch, elektrisch, und thermisch haben praktisch keine Bedeutung.

Lithium wird in konzentrierter Form zu mehr als 70% in den südamerikanischen Salzseen in Bolivien, Argentinien und Chile gewonnen, die Umweltauswirkungen, sozialen Missstände in den Regionen muss man ebenso berücksichtigen wie die Tatsache, dass der allergrößte Teil der Batterieproduktion in China stattfindet. Das könnte ein Ausschlusskriterium sein.

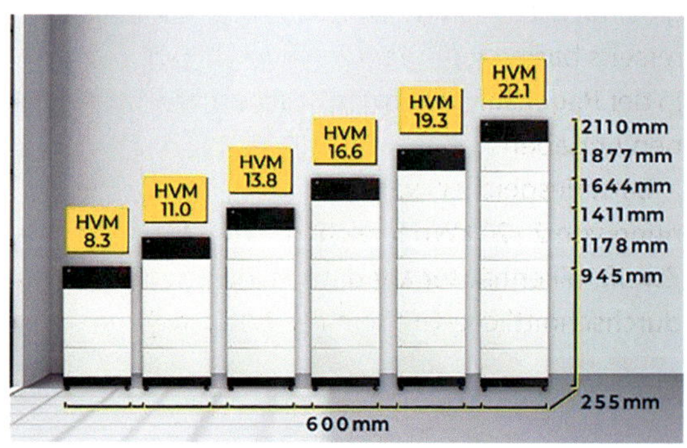

7.27
Größen von Batteriespeichern: Das Gewicht liegt etwa bei 15 kg/kWh, Batteriesysteme sind häufig modular aufgebaut und erweiterbar. Quelle: BYD

2022 wurden in Deutschland ca. 220.000 Heimbatterieanlagen installiert. Es gibt etwa ein gutes Dutzend Anbieter am Markt. Zwei Drittel der installierten Speicher stammen von drei Anbietern: BYD, Sonnen und Senec. Bei der Batteriekapazität reicht die Angebotspalette von 2 - 20 kWh.

Ausführliche Informationen und eine Marktübersicht über Batteriespeichersysteme erhalten Sie unter: https://solar.htw-berlin.de/studien/speicher-inspektion-2022/

Es ist naheliegend, sich selbst bei kleineren Photovoltaikanlagen (>2 kW_p) für einen Batteriespeicher zu entscheiden, um den Selbstversorgungsgrad zu erhöhen (siehe Abb. 7.29).

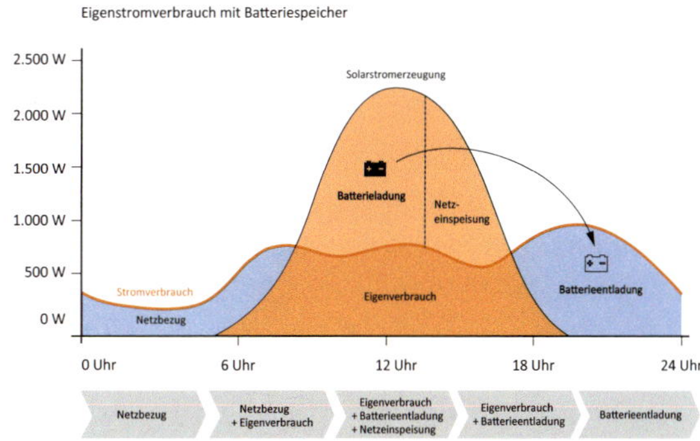

7.28
Anpassung einer Photovoltaik-Anlage mit Batteriespeicher an das Verbrauchsprofil eines Hauses. Der Speicher führt im günstigsten Fall zur Erhöhung der Eigenverbrauchsquote auf 70%. Dabei wird der Batteriespeicher tagsüber geladen und in den Abendstunden entladen. Nur in den frühen Morgenstunden ist ein Netzbezug notwendig, der geringer sein sollte als der tagsüber ins Netz eingespeiste Strom. Daraus ergibt sich etwa ein Lade-Entlade-Zyklus pro Tag. Quelle[1]

Im Gegensatz zur Photovoltaikanlage lässt sich die Frage nach der Wirtschaftlichkeit des Batteriespeichersystems nicht abschließend beantworten: Die Akku-Lebensdauer ist dabei der entscheidende Faktor. Die Systeme sind ausgereift, die Hersteller geben als Lebensdauer 5.000 - 10.000 *Vollladezyklen* an, also völliges Beladen und Entladen des Speichers, was aber in der Praxis selten stattfindet und sich eher negativ auf die Lebensdauer auswirkt.

Rechnet man defensiv mit 200 Vollladezyklen/a, so würde man pro kWh nutzbare Speicherkapazität in 12 Jahren etwa 2.400 kWh an Solarstrom speichern können. Bei einem aktuellen Strompreis von 0,40 €/kWh abzüglich der nicht erhaltenen Einspeisevergütung und Speicherkosten von 1.000 €/kWh, ginge die Rechnung ganz knapp ± 0 auf.

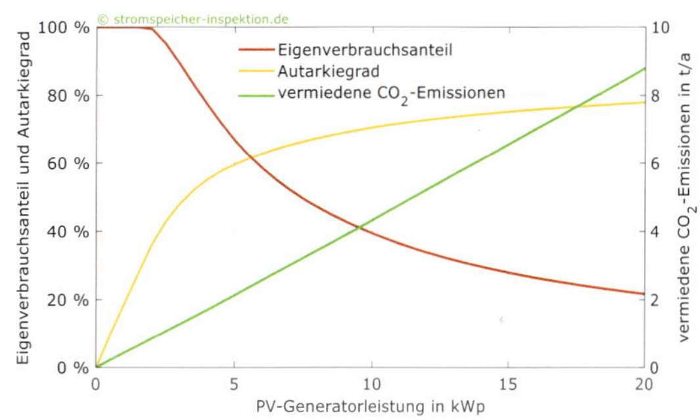

7.29
Eigenverbrauchsanteil und Selbstversorgungsgrad in Abhängigkeit von der Leistung einer Photovoltaikanlage (Stromverbrauch ca. 5.000 kWh/a, nutzbare Speicherkapazität 7,5 kWh) (Quelle: stromspeicherinspektion.de).

Möglicherweise hält der Speicher länger, aber es gibt noch zu wenige Langzeiterfahrungen. Andererseits basieren die Versprechungen der Hersteller in der Regel auf sehr optimistischen, eher praxisfernen Angaben.

Batteriespeicher werden z.Zt. in der Größenordnung von 2 - 20 kWh Speicherkapazität für Ein- und Zweifamilienhäuser auf dem Markt angeboten, die durchschnittliche Größe eines Heimspeichers liegt

max. nutzbare Speicherkapazität

PV-Generatorleistung in kWp / Stromverbrauch in kWh/a	2000	3000	4000	5000	6000	7000	8000
10	3,0 kWh	4,5 kWh	6,0 kWh	7,5 kWh	9,0 kWh	10,5 kWh	12,0 kWh
9	3,0 kWh	4,5 kWh	6,0 kWh	7,5 kWh	9,0 kWh	10,5 kWh	12,0 kWh
8	3,0 kWh	4,5 kWh	6,0 kWh	7,5 kWh	9,0 kWh	10,5 kWh	12,0 kWh
7	3,0 kWh	4,5 kWh	6,0 kWh	7,5 kWh	9,0 kWh	10,5 kWh	10,5 kWh
6	3,0 kWh	4,5 kWh	6,0 kWh	7,5 kWh	9,0 kWh	9,0 kWh	9,0 kWh
5	3,0 kWh	4,5 kWh	6,0 kWh	7,5 kWh	7,5 kWh	7,5 kWh	7,5 kWh
4	3,0 kWh	4,5 kWh	6,0 kWh	6,0 kWh	6,0 kWh	6,0 kWh	6,0 kWh

© pvspeicher.htw-berlin.de

7.30
Empfehlungen zur Batteriespeicherauslegung in Einfamilienhäusern mit Photovoltaikanlagen (Quelle: stromspeicherinspektion.de).

momentan bei 7 - 8 kWh. Manche Systeme sind modular aufgebaut und können additiv erweitert werden.

Die Grundsatzfragen lauten:

- Möchte man überhaupt einen Batteriespeicher einbauen?
- Welchen Selbstversorgungsgrad möchte man erreichen?
- Oder ist man damit zufrieden, wenn übers Jahr bilanziell im Netzverbund so viel Strom produziert wird wie man verbraucht?

Wie unabhängig werden Sie? Auch wenn Sie durch eine große Photovoltaikanlage mehr Strom produzieren als Sie verbrauchen, werden Sie vom öffentlichen Stromnetz nur unabhängig, wenn Sie von Mitte November bis Mitte Februar auf die Kanaren fliegen – allerdings entlastet das Ihre persönliche CO_2-Bilanz eher nicht.

Ganz grob können Sie mit einem Stromspeicher einen Selbstversorgungsgrad von max. 60 - 70% erreichen, für eine höhere Quote reicht Ihre Dachfläche in der Regel nicht aus.

7.5 Mobilität

Die Individualmobilität hat sich bei vielen Menschen aus reiner Gewohnheit entwickelt. Traditionell hat das Auto bei uns eine hohe Selbstverständlichkeit und ist gleichzeitig ein wesentlicher Wirtschaftsfaktor. Die Infrastruktur wurde entsprechend privilegiert ausgebaut. Deutschland ist das einzige Land in Europa ohne Tempolimit. In Holland ist das z.B. ganz anders, das Fahrrad hat erste Priorität und kann ein gut ausgebautes Fahrradwegenetz nutzen. In Deutschland kamen 2022 auf 100 Einwohner 58 Pkw.

Wenn man die Frage grundsätzlich für sich beantwortet hat, in welchem Umfang und für welche Strecken die eigene Mobilität notwendig und sinnvoll ist, stellt sich die Frage nach der passenden Technik. Unabhängig von Ihren bisherigen Gewohnheiten lohnt es sich, einfach einmal ein paar Zahlen zu vergleichen, um diese in die Zukunftsplanung Ihrer Mobilität mit einfließen zu lassen. Denken Sie nicht nur von einer Tankfüllung zur nächsten, sondern vergleichen Sie die Gesamtkosten auf 1 Jahr bezogen, oder besser noch auf 5 oder sogar 10 Jahre hochgerechnet.

Die Mobilität der Deutschen wird regelmäßig untersucht. Aktuell liegen über 40% aller Pkw-Fahrten in den Städten unter 5 km und etwa 63% unter 10 km (Quelle: MiD 2017), so dass sich für dieses Segment durchaus energiesparendere und kostengünstigere Alternativen anbieten.

7.31: Hiervon träumen wir noch: nahezu autofreier Straßenverkehr in Houten/NL: hier sind Autos zu Gast!

Wie stellt sich Ihre Mobilität dar?

- Welche Strecken fahren Sie wie häufig, mit wie vielen Personen und mit welchem Gepäck?
- Über welche Verkehrsmittel verfügen Sie, über welche würden Sie gerne verfügen?
- Welche Spielräume hat Ihre Mobilität (zeitlich und organisatorisch)?
- Welche finanziellen Mittel sind in Ihren Verkehrsmitteln gebunden?
- Haben Sie Lust dazu, ein paar Gewohnheiten neu zu denken und zu bewerten?

Wenn Sie auf der Basis von Kap. 1 Ihr Mobilitätsprofil ermittelt haben, dann können Sie planen, wie Sie sich in Zukunft energie- und kostenminimiert fortbewegen wollen. Aber kasteien Sie sich nicht!

Wenn Sie zum Ergebnis kommen, dass Sie in Zukunft Strecken bis 5 km statt mit dem Auto besser mit dem Fahrrad fahren, so wird sich, falls Ihnen das Treten doch manchmal zu anstrengend erscheint, der Umstieg auf ein Pedelec (elektrisch unterstütztes Fahrrad) leicht fallen und sich relativ schnell amortisieren (siehe Tab. 7.32). Selbst wenn man den hohen gesundheitlichen Wert des Fahrradfahrens außer Acht lässt, sind die Zahlen eindeutig. Auch beim qualitativ hochwertigsten Pedelec (und nur ein solches sollten Sie kaufen) sind die Vorteile gegenüber dem Auto hinsichtlich Energieverbrauch und Kosten im Kurzstreckenbetrieb eindeutig. Und einen Parkplatz finden Sie in der Stadt auch immer. Teilt man nun die Mehrkosten des Autos jetzt durch die Zeitersparnis gegenüber dem Pedelec, so entspricht das einem fiktiven Stundenlohn von ca. 45 € netto. Für das Geld lohnt es sich doch schon mal, in die Pedale zu steigen.

Niemand erwartet von Ihnen, auf ein eigenes Auto zu verzichten. Aber Sie könnten sich ernsthaft die Frage stellen, ob Sie das alte Auto weiterfahren oder in ein neues Elektroauto investieren wollen.

Ob es sich lohnt, lässt sich durch Nachrechnen einfach beantworten. Die wesentlichen Faktoren sind:

- die jährliche Kilometerleistung,
- das Alter und der Kilometerstand des vorhandenen Autos sowie der Verbrauch pro 100 km,
- der Energieverbrauch und die graue Energie (für die Herstellung) des Elektroautos,
- die Bezugsquelle des Stromes (eigene Photovoltaik oder öffentliches Netz?) und
- die Souveränität Ihrer Entscheidung.

Strecken bis 5 km, 4 mal pro Woche

	Fahrrad	Pedelec	Auto (elektrisch)	Auto (Verbrenner)
Kosten €/km	0,07	0,15	0,50	0,50
Geschwindigkeit km/h	18	21	30	30
Zeit min	17	14	10	10
Zeit pro Jahr h/a	56	48	33	33
Kosten €/a	140	300	1.000	1.000

7.32
Kosten, Geschwindigkeit und Zeitaufwand verschiedener Verkehrsmittel im innerörtlichen Kurzstreckenverkehr bis 5 km.

Die Entscheidung ist bei der Mobilität einfacher zu treffen als bei der Heizung. Aufs Autofahren können Sie im Zweifelsfalle, anders als beim Heizen, u.U. weitgehend verzichten.

In der Tab. 7.33 sind die wesentlichen Energie- und CO_2-Werte zusammengefasst, die Sie für Ihre Berechnung brauchen. So werden Sie je nach jährlicher Fahrleistung und aktuellem Verbrauch ermitteln können, ab welcher Fahrleistung das Elektroauto eine bessere CO_2-Bilanz aufweist als Ihr bisheriger Verbrenner. Grundsätzlich lassen sich mit einem E-Auto in den meisten Fällen keine Kosten sparen. Die Anschaffungskosten sind höher und der günstigere Verbrauch amortisiert sich erst bei sehr hohen jährlichen Fahrleistungen. Eine ausführliche Kostenübersicht finden Sie unter: https://assets.adac.de/Autodatenbank/Autokosten/E-AutosVergleich.pdf

CO_2-Emmissionen von PKW (untere Mittelklasse)

Antriebsart	Emissionsfaktor kg CO_2/kWh	Verbrauch f. Fahrten kWh/100 km	CO_2-Emission f. Herstellung u. Entsorgung	Bilanz nach 10 Jahren kg CO_2		
				5000 km/a	10.000 km/a	15.000 km/a
Diesel	0,27	0,54	5000 kg/10a	12288	19575	26863
Benzin	0,27	0,52	5000 kg/10a	12037	19074	26111
Strommix	0,42	0,2	14000 kg/10a	18200	22400	26600
PV-Strom	0,025	0,2	14000 kg/10a	14250	14500	14750

7.33: Vergleich der CO_2-Emissionen verschiedener Antriebs- und Stromerzeugungsarten in Abhängigkeit von der jährlichen Fahrleistung.

Bei allem Respekt vor der Entwicklung und der Energieeffizienz von Elektroautos lohnt es sich, kritisch die Frage nach der Gesamtenergiebilanz zu stellen, die nicht unabhängig vom eigenen Nutzungsprofil zu sehen ist. Da bei der Herstellung und späteren Entsorgung eines elektrisch betriebenen Pkw nahezu dreimal so viel CO_2-Emmissionen freigesetzt werden, wird dieser Faktor zum entscheidenden Bewertungskriterium.

Wann macht ein Elektroauto Sinn?

Laut Kraftfahrt-Bundesamt (KBA) wurden im Jahr 2021 682.000 Neuwagen mit elektrischem Antrieb neu zugelassen (batterieelektrisch, Plugin-Hybrid, Brennstoffzelle). Das waren 26% aller in Deutschland neu zugelassenen Pkw, davon entfiel gut die Hälfte auf rein batterieelektrisch angetriebene Pkw. Die Bundesregierung hat in ihrem Koalitionsvertrag verankert, dass bis 2030 15 Millionen E-Autos auf deutschen Straßen fahren sollen. Ob es bis dahin eine entsprechende Ladeinfrastruktur gibt und die Kunden diese Art von Auto künftig kaufen wollen, bleibt abzuwarten.

Es besteht eine berechtigte Erwartung, dass Fahrzeuge mit elektrischem Antrieb aufgrund höherer Stückzahlen und einfacherer Technik kostengünstiger werden. Hinzu kommt ein immer breiteres Angebot an Elektrofahrzeugen. Durch verbesserte Batterietechnik sind bereits reale Reichweiten von deutlich mehr als 400 Kilometern möglich. Der wesentliche ökologische Schwachpunkt eines Elektroautos ist nach wie vor die Batterie. Allein die Herstellung verursacht mehr Emissionen als die gesamte Produktion eines konventionell angetriebenen Pkw. Gemäß einer Studie des Instituts für Energie- und Umweltforschung (IFEU) fallen bei der Herstellung der Batterie 5 - 9 to Kohlendioxid an, bevor der erste Kilometer gefahren ist.

Der Vorteil liegt dann im Verbrauch. Wenn man den Energieverbrauch und die freigesetzten Emissionen im laufenden Betrieb vergleicht, so ist das Elektroauto klar im Vorteil. Sie können das für jedes Modell einfach selber berechnen:

- Benzinverbrauch/100 km x 2,37 kg CO_2/Liter Benzin (oder 2,65 kg/Liter Diesel)
- Stromverbrauch/100 km x 0,422 kg CO_2/kWh Strommix (bzw. 0,025 kg CO_2/kWh für Photovoltaikstrom)

In der unteren Mittelklasse spart man beim Strommix etwa 80 g CO_2 pro Kilometer ein, so dass sich damit nach etwa 60.000 - 110.000 km der CO_2-Rucksack der Batterie neutralisiert hat. Es gibt aber auch Berechnungen, die zu wesentlich höheren Werten kommen, was an den unterschiedlichen Verbrauchsannahmen und Systemgrenzen in der Wertschöpfungskette liegt.

Auch beim E-Auto gilt leider der Grundsatz: Je mehr Sie jährlich fahren, desto mehr relativiert sich der etwa um den Faktor 3 höhere CO_2-Aufwand beim Herstellungsprozess gegenüber den vergleichsweise niedrigeren CO_2-Emissionen im Fahrbetrieb (Quelle: Frontier-Studie, Agora).

Im Umkehrschluss könnten Sie wohlmöglich auf den Gedanken kommen, einfach mehr zu fahren, um mehr zu sparen. Wenn Sie eine Rechtfertigung für den Kauf eines Elektroautos brauchen, dann machen Sie das einfach so.

Allerdings hängt jede Gesamtbilanz von der Art der Stromerzeugung ab. Mit einer eigenen Photovoltaikanlage lässt sich die CO_2-Emission für den

**Vergleich der Verbrauchskosten in €
für Verbrenner und E-Auto (untere Mittelklasse)**

	Verbrauch kWh/km	Emission g CO_2/km	5.000 km/a	10.000 km/a	20.000 km/a
Verbrenner	0,6	162	600 €	1.200 €	2.400 €
E-Auto Strommix	0,2	84	500 €	1.000 €	2.000 €
E-Auto Photovoltaik	0,2	5	150 €	300 €	600 €
E-Auto 70 Netz/30 PV	0,2	60	395 €	790 €	1.580 €

7.34
Vergleich der Verbrauchskosten von Autos mit Verbrennungsmotoren und mit Elektroantrieb unter Berücksichtigung der Art des Strombezuges.

Betrieb schlagartig verbessern, vorausgesetzt, das Nutzungsprofil des Autos ist mit dem heimischen Solarangebot kompatibel. Sobald das Auto für den täglichen Arbeitsweg genutzt wird, bleibt praktisch nur das Wochenende zum Laden. Mehr als 30% Solarstromnutzung ist dann nicht möglich, es sei denn, Ihr Arbeitgeber verfügt auch über eine Photovoltaikanlage. Es bleibt unbestritten, dass ein Elektroauto im laufenden Betrieb unabhängig von der jährlichen Laufleistung weniger CO_2 emittiert und die elektrische Energie effizienter in mechanische umsetzt als ein Auto mit Verbrennungsmotor.

Die Entwicklung der Elektromobilität schreitet schnell voran, die Batterieleistungen werden laufend verbessert, aber die Autos werden auch größer und schwerer. Das Durchschnittsgewicht liegt mittlerweile bei fast zwei Tonnen. Die größere Reichweite der Batterien führt dazu, dass im gehobenen und höheren Marktsegment die Batterie nahezu 50%(!) des Gesamtgewichts ausmacht. Wenn man gleichzeitig bedenkt, dass ein Pkw im Bundesdurchschnitt mit weniger als 1,5 Personen besetzt ist, dann ergibt sich ein Verhältnis von Gesamtgewicht zum Gewicht der transportierten Person(en) von ca. 15:1, beim Pedelec liegt dieses Verhältnis bei ca. 0,35:1.

Fazit: Die Tendenz zu immer leistungsstärkeren Modellen führt auch beim E-Auto zum Rebound-Effekt. Wenn Sie ein Elektroauto kaufen, dann nehmen Sie doch einfach mal das kleinere Modell. Mit einer Motorleistung von 50 kW können Sie heute 150 km/h schnell fahren. Vergleichen Sie den Verbrauch: Nicht auf 100 km, sondern in den nächsten 10 Jahren!

7.35
Hoffnungsschimmer auf dem E-Auto-Markt. Ein Münchner Start-up-Unternehmen hat ein kompaktes, sehr einfach aufgebautes, multifunktionales Elektroauto entwickelt, dessen Karosserie nahezu komplett mit Solarzellen belegt ist und damit im Jahresdurchschnitt etwa 100 km/Woche (wenn man sonnengünstig parkt) mit selbsterzeugtem Strom zurücklegen kann. Der Produktionsbeginn ist für 2024 geplant. (Quelle: sonomotors.com)

8 Förderung

8.1 Grundsätzliches zur Förderung

Bei jeder Energieberatung werde ich gefragt: *Wie viel Förderung bekomme ich für diese Maßnahme?* Diese Frage hat eine derartige Selbstverständlichkeit bekommen, als sei es ein Menschenrecht, energetische Verbesserungen gefördert zu bekommen. Grundsätzlich ist der Staat *nicht* dafür verantwortlich, dass Sie sich in den letzten Jahrzehnten nicht oder wenig gekümmert haben.

Es gibt zu denken, dass in den letzten 20 Jahren ca. 350 Milliarden Euro Steuergelder in die energiesparenden Maßnahmen bei Neubau und Sanierung geflossen sind, ohne dass ein nennenswerter Effekt eingetreten ist. Der *Reboundeffekt* hat die Maßnahmen häufig neutralisiert; die Einsparung pro m^2 Wohnfläche hat zwar funktioniert, aber gleichzeitig ist der Wohnflächenverbrauch zwischen 2000 und 2020 um 20% (Quelle:statista) angestiegen. Das Fördern struktureller Maßnahmen wie das Verkleinern von Wohnfläche wäre sinnvoll. Man kann davon ausgehen, dass in Deutschland mittlerweile die Hälfte aller deutschen Einfamilienhäuser von knapp 2 Personen bewohnt wird, d.h., dass vermutlich etwa 12 - 15 Millionen Kinderzimmer leer stehen. Hier wären Förderprogamme zur Schaffung neuer Wohnungen durch Teilung oder Erweiterung sinnvoller.

Also: Machen Sie sich nicht zum Sklaven der Förderprogramme. Auch wenn die Sinnhaftigkeit der aktuellen Fördermaßnahmen nicht grundsätzlich in Frage steht, kann manchmal eine individuelle Energiestrategie sinnvoller sein. Die hohen Förderquoten von Wärmepumpen und thermischen Solaranlagen haben auch die Erstellungskosten in die Höhe schießen lassen. Rechnen Sie einmal genau nach.

8.2 Aktuelle Fördermaßnahmen gemäß BEG

Seit über 20 Jahren fördert der Staat energieeffizientes Bauen und Sanieren. Seit 2021 fasst die *Bundesförderung für effiziente Gebäude* (BEG) frühere Förderprogramme zur Förderung von Energieeffizienz und erneuerbaren Energien im Gebäudebereich zusammen und unterstützt unter anderem den Einsatz neuer und die Optimierung bestehender Heizungsanlagen, Maßnahmen an der Gebäudehülle und den Einsatz optimierter Anlagentechnik (z.B. Lüftung).

Die *Kreditanstalt für Wiederaufbau* (KfW) vergibt zinsgünstige Darlehen (z. Zt. ab 0,75%/a) mit teilweise hohen *Tilgungszuschüssen* für die *systemische Sanierung* des gesamten Gebäudes, die sich in den *Effizienzhausstandards* widerspiegelt. Dadurch wird ein großer Anreiz geschaffen, Bestandsgebäude grundlegend energetisch zu sanieren.

Anträge hierfür müssen vor Ausführung bei der KfW gestellt werden. In jedem Fall ist das Hinzuziehen eines zertifizierten *Energie-Effizienzexperten* notwendig. Eine Liste finden Sie unter: https://www.energie-effizienz-experten.de/

Wenn Sie nur einzelne Teile der Gebäudehülle energetisch sanieren wollen, können Sie nur das *Zuschussprogramm für Einzelmaßnahmen* der *Bundesanstalt für Wirtschaft und Ausfuhrkontrolle* (BAFA) in Anspruch nehmen. Zur Zeit (Stand 02/2023) erhält man einen Zuschuss in Höhe von 15% des Investitionsvolumens von max. 60.000 € pro Wohneinheit, eine Erhöhung des Zuschusses um weitere 5% bei Erstellung eines *individuellen SanierungsFahrPlans* (iSFP). Die Aufwendungen für eine qualifizierte Energieberatung vorab können über die *Bundesförderung für Energieberatung für Wohngebäude* (Vor-Ort-Beratung, individueller Sanierungsfahrplan) gefördert werden. Von den anfallenden Beratungskosten werden 80%, jedoch höchstens 1.300 € für

Definition: Was ist ein Effizienzhaus?

Das *Effizienzhaus* ist ein energetischer Standard, der als Basis für verschiedene KfW-Förderprodukte dient. Unterschiedliche Zahlenwerte geben an, wie energieeffizient ein Gebäude im Vergleich zu einem *Referenzgebäude* ist. Das *Referenzgebäude* (= Effizienzhaus 100) von 2009 beschrieb seinerzeit die energetischen Mindeststandards für Wärmedämmung und Gebäudetechnik für den Neubau. Diese sind 2016 um 25% verschärft worden. Der bei Sanierungen geförderte Mindeststandard *Effizienzhaus 85* liegt somit höchstens 10% über dem gesetzlichen Neubaustandard. Entsprechend sind die Kategorien *Effizienzhaus 70, 55 und 40* einzuordnen.

Um ein Gefühl für die Anforderungen zu bekommen, zeigt die Kombination der folgenden Sanierungsmaßnahmen, wie die Effizienzhaus-Stufe 85 u.a. werden kann (Quelle: KfW):

- Außenwanddämmung 14 cm
- Dachdämmung 20 cm
- Kellerdämmung 8 cm
- Neue Fenster mit Wärmeschutzverglasung
- Gas-Brennwertheizung
- Solaranlage zur Trinkwassererwärmung und Heizungsunterstützung

Grundsätzlich gilt es, zwei Anforderungskriterien zu erfüllen: den max. Wärmeverlust der Gebäudehülle (H_t) und der Primärenergieaufwand (Q_p). Der Wärmeverlust ermittelt sich aus der Summe aller Hüllflächen multipliziert mit den jeweiligen U-Werten, den Wärmebrücken und den Lüftungsverlusten. Der Primärenergieaufwand beinhaltet alle Phasen der Erzeugung (Umwandlung, Transport etc.) der verwendeten Energie für Heizung, Warmwasser und Hilfsstrom (für Pumpen etc.).

Ein- und Zweifamilienhäuser und 1.700 € für Gebäude mit mehr als drei Wohneinheiten übernommen.

Anträge hierfür müssen vor Ausführung beim BAFA gestellt werden. Auch hier ist das Hinzuziehen eines/einer zertifizierten *Energie-Effizienzexperten/ Effizienzexpertin* notwendig.

Ab 2023 gibt es bei der BEG-Förderung von Einzelmaßnahmen folgende Änderungen:

- Förderung von Eigenleistungen: Wird die Sanierung in Eigenleistung umgesetzt, sind die Materialkosten förderfähig. Ein *Energie-Effizienz-Experte* oder Fachbetrieb muss prüfen und bestätigen, dass die Eigenleistungen fachgerecht durchgeführt wurden und Materialkosten korrekt aufgeführt werden.
- Austausch einer defekten Heizung: Bei der Förderung von Wärmeerzeugern können die Mietkosten für provisorische Heiztechnik mitgefördert

Effizienzhausklassen und KfW-Förderung

Effizienzhaus-Klasse	Primärenergiebedarf	Transmissionswärmeverlust	Maximale Kredithöhe je Wohneinheit
85	85%	100%	120.000 € mit 5% Tilgungszuschuss
85 EE	85%	100%	150.000 € mit 10% Tilgungszuschuss
70	70%	85%	120.000 € mit 10% Tilgungszuschuss
70 EE	70%	85%	150.000 € mit 15% Tilgungszuschuss
55	55%	70%	120.000 € mit 15% Tilgungszuschuss
55 EE	55%	70%	150.000 € mit 20% Tilgungszuschuss
40	40%	55%	120.000 € mit 20% Tilgungszuschuss
40 EE	40%	55%	150.000 € mit 25% Tilgungszuschuss

8.1
Effizienzhausklassen und KfW-Förderung mit den entsprechenden Tilgungszuschüssen.
EE bedeutet, dass eine zusätzliche Anforderungen besteht, mindestens 65% der Wärmeerzeugung regenerativ zu erzeugen, was praktisch auf eine Wärmepumpe hinausläuft. Diese Investition wird durch die erhöhten Kreditsummen und Tilgungszuschüsse abgepuffert.

BAFA-Anforderungen zur Förderung von Einzelmaßnahmen		
	Anforderung BAFA	Anforderung GEG
Wände	U_{max} W/m²K	U_{max} W/m²K
Außenwände	0,20	0,24
Kerndämmung bei zweischaligem Mauerwerk	WLG ≤ 0,035	0,24
Innendämmung (Denkmalschutz oder besonders erhaltenswerte Bausubstanz):	0,33	keine
Innendämmung bei Fachwerkwänden (Denkmalschutz oder besonders erhaltenswerte Bausubstanz)	0,80	keine
Wandflächen gegen unbeheizte Räume	0,25	0,30
Wandflächen gegen Erdreich	0,25	0,30
Dächer		
Wärmedämmung von geneigten Dachflächen einschl. Kehlbalken	0,14	0,24
Gauben einschl. Wangen	0,2	0,24
Flachdächer als Hauptdach bis 10° Dachneigung	0,14	0,20
Wärmedämmung von obersten Geschossdecken zu nicht ausgebauten Dachräumen	0,14	0,24
Keller		
Kellerdecken	0,25	0,30
Geschossdecken gegen Außenluft nach unten	0,2	0,24
Bodenflächen gegen Erdreich	0,25	0,30
Fenster		
Erneuerung der Fenster/Außentüren: Fenster, Balkon- u. Terrassentüren mit Mehrscheiben-Isolierverglasung	0,95	1,30
Neuverglasung, Überarbeitung der Rahmen, Herstellung von Gang- und Schließbarkeit	1,30	1,30
Dachflächenfenster	1,00	1,40
Hauseingangstür	1,30	1,80
Fenster (Denkmalschutz o. besonders erhaltenswerte Bausubstanz)	1,30	1,60

8.2
Anforderungen der BAFA für die Förderung von Einzelmaßnahmen und des GEG zum Vergleich.

werden, wenn innerhalb der Befristung des Zuwendungsbescheids ein förderfähiger Netzanschluss erfolgt oder eine förderfähige Heizungsanlage eingebaut wird, die die gesamte Versorgung übernimmt.

- Die Förderung von Brennstoffzellen wird in die BEG-Förderung übertragen (bisher läuft das KfW-Förderprogramm außerhalb der BEG). Förderfähig sind nur Brennstoffzellen-Heizungen, die mit *grünem* Wasserstoff oder Biomethan betrieben werden.
- Bei der Förderung von Wärmepumpen oder Biomasseheizung muss das Gebäude zu mindestens 65% durch erneuerbare Energien beheizt werden (bisher 55%).
- Die Förderung für die Heizungsoptimierung gibt es bei fossilen Heizungsanlagen (Ölheizung und Gasheizung) nur noch, wenn diese nicht älter als 20 Jahre sind.
- Biomasseheizungen können nur noch gefördert werden, wenn sie mit Solarthermie oder einer Wärmepumpe kombiniert werden. Der Feinstaubausstoß darf 2,5 mg/m³ nicht überschreiten. Der bisherige *Innovationsbonus* entfällt. Außerdem müssen Biomasseheizungen einen jahreszeitbedingten Raumheizungsnutzungsgrad η_s (ETAs) von 81% aufweisen (bisher 78%).
- Bei der Förderung von Wärmepumpen werden die technischen Mindestanforderungen in den kommenden Jahren Schritt für Schritt verschärft. Wärmepumpen werden in dafür ungeeigneten Gebäuden nicht gefördert. Gebäude sind geeignet, wenn die Wärmepumpe rechnerisch eine Jahresarbeitszahl (JAZ) von mindestens 2,7 erreicht. Ab 2024 muss die JAZ bei geförderten Anlagen mindestens 3,0 betragen. Außerdem müssen bei Luft-Wasser-Wärmepumpen die Geräuschemissionen des Außengeräts mind. 5 dB niedriger sein als nach Ökodesign-Verordnung. Darüber hinaus steigen die technischen Mindestanforderungen an den jahreszeitbedingten Raumheizungsnutzungsgrad (ETAs). Ab 2025 müssen Wärmepumpen an ein zertifiziertes *Smart-Meter-Gateway* (intelligentes Messsystem) angeschlossen werden können. Ab 2026 sind Luft-Wasser-Wärmepumpen nur förderfähig, wenn die Geräuschemis-

sionen des Außengeräts mindestens 10 dB niedriger liegen als die Geräuschemissionsgrenzwerte für Wärmepumpen in der Ökodesign-Verordnung.

- Gebäudewärmenetze werden gefördert, wenn sie einen Anteil von mindestens 65% erneuerbarer Energien und/oder unvermeidbarer Abwärme erreichen. Für Errichtung, Erweiterung und Umbau von Gebäudewärmenetzen muss ein *Energieeffizienz-Experte* eingebunden werden.
- Heizanlagen auf Basis fossiler Brennstoffe sind nicht förderfähig.
- Biomasseanlagen in Gebäudenetzen sind nur bivalent in Zusammenhang mit anderen erneuerbaren Energien förderfähig, wenn deren Wärmemengen-Anteil mindestens 25% beträgt.

Möglich ist aber eine Kombination verschiedener Förderprogramme für mehrere unterschiedliche Sanierungsmaßnahmen: Wer neben dem steuerlich geförderten Fenstertausch etwa auch eine Dachsanierung durchführen lässt, kann für diese nach Wahl entweder die steuerliche Förderung oder ei-

Förderübersicht: Bundesförderung für effiziente Gebäude - Einzelmaßnahmen (BEG EM)

	Einzelmaßnahmen zur Sanierung von Wohngebäuden (WG) und Nichtwohngebäuden (NWG)	Fördersatz	iSFP-Bonus	Heizungs-Tausch-Bonus	Wärmepumpen-Bonus*	max. Fördersatz	Fachplanung und Baubegleitung
Gebäudehülle	Dämmung von Außenwänden, Dach, Geschossdecken, Bodenflächen; Austausch von Fenstern und Außentüren; sommerlicher Wärmeschutz Einbau/Austausch/Optimierung von Lüftungsanlagen;	15%	5%			20%	
Anlagentechnik (außer Heizung)	WG: Einbau „Efficiency Smart Home"; NWG: Einbau, Mess-,Steuer- und Regelungstechnik, Kältetechnik zur Raumkühlung und Einbau energieeffizienter Innenbeleuchtungssysteme	15%	5%			20%	
Anlagen zur Wärmeerzeugung (Heizungstechnik)	Solarkollektoranlagen	25%		10%		35%	
	Biomasseheizungen 10 % 10 % 20 %	25%		10%		35%	
	Wärmepumpen	25%		10%	5%	40%	
	Brennstoffzellenheizungen	25%		10%		35%	
	Innovative Heizungstechnik auf Basis erneuerbarer Energien	25%		10%		35%	50%
	Errichtung, Umbau und Erweiterung eines Gebäudenetzes (ohne Biomasse)	30%				30%	
	Errichtung, Umbau und Erweiterung eines Gebäudenetzes (mit max. 25 % Biomasse f. Spitzenlast)	25%				25%	
	Errichtung, Umbau und Erweiterung eines Gebäudenetzes (mit max. 75 % Biomasse)	20%				20%	
	Anschluss an ein Gebäudenetz	25%		10%		35%	
	Anschluss an ein Wärmenetz	30%		10%		40%	
Heizungsoptimierung	Maßnahmen zur Optimierung bestehender Heizungsanlagen in Bestandsgebäuden	15%	5%			20%	

* Der Wärmepumpen-Bonus beträgt maximal 5 %, auch wenn gleichzeitig die Anforderungen an die Wärmequelle und an das Kältemittel erfüllt werden

8.3: Förderübersicht Bundesförderung für effiziente Gebäude - Einzelmaßnahmen (BEG EM)
Quelle: Bundesamt für Wirtschaft und Ausfuhrkontrolle (BAFA), Stand 01.01.2023

nen Förderkredit oder Investitionszuschuss aus der Bundesförderung *Effiziente Gebäude* in Anspruch nehmen. Eine Kumulierung der steuerlichen Förderung für dieselbe energetische Sanierungsmaßnahme mit anderen Förderprogrammen des Bundes ist nicht möglich. Zum Beispiel kann ein Fenstertausch nicht gleichzeitig sowohl steuerlich als auch über die Bundesförderung Effiziente Gebäude BEG) gefördert werden.

Alle Informationen zur Bundesförderung Effiziente Gebäude des BMWK finden Sie unter http://www.machts-effizient.de. Der Förderwegweiser Energieeffizienz hilft, das passende Programm zu finden.

Ein Beispiel: Die KfW fördert einzelne Wohneinheiten, wenn diese mindestens den *Effizienzhaus 85* Standard erreichen. Wenn Sie über die Sanierung Ihres Einfamilienhauses nachdenken, so macht es auch unter Förderaspekten durchaus Sinn, das Haus zu teilen und aus den Räumen, die Sie nicht mehr benötigen, weil die Kinder aus dem Haus sind oder es irgendwann sein werden, eine zweite Wohneinheit ausweisen. Diese muss als abgeschlossene Wohneinheit zu nutzen sein. Wohneinheiten sind in einem abgeschlossenen Zusammenhang liegende und zu dauerhaften Wohnzwecken bestimmte Räume in Wohngebäuden, welche die Führung eines Haushalts ermöglichen (Zimmer, Küche/Kochnische und Bad/WC). Der Zugang muss separat und nicht durch eine andere Wohneinheit möglich sein.

Dafür ist in der Regel ein Bauantrag zu stellen, mindestens aber eine Abgeschlossenheitsbescheinigung zu erstellen. Damit fördert die KfW 2 Wohneinheiten mit einem günstigen Kredit. Sie können auch beide Wohnungen selbst weiter nutzen. Im Falle einer Vermietung kann diese neben den Mieteinnahmen auch zusätzliche steuerliche Vorteile haben.

8.3 Förderprogramme der Länder und Kommunen

Viele Bundesländer, Kommunen und Stadtwerke haben zusätzlich Förderprogramme zur Energieeffizienz aufgelegt, bei denen auch eine Kumulierung mit BAFA und KfW-Programmen möglich ist. Da sich die Bedingungen aufgrund der jeweiligen Haushaltssituation ständig ändern, kann an dieser Stelle nur auf die Webseiten der Bundesländer, Kommunen und örtlichen Verbraucherzentralen verwiesen werden.

Eine ausführliche Übersicht finden Sie unter: https://www.co2online.de/foerdermittel/

8.4 Steuerliche Maßnahmen

(Quelle: Bundesfinanzministerium)
Die Rechtsgrundlagen für die steuerliche Förderung der energetischen Gebäudesanierung finden Sie in §35c Einkommensteuergesetz und der *Energetischen Sanierungsmaßnahmen-Verordnung* (ESanMV). Das Bundesministerium der Finanzen hat zudem zwei Verwaltungsanweisungen (BMF-Schreiben) zu Einzelfragen des §35c Einkommensteuergesetz und zu den Musterbescheinigungen veröffentlicht, die weiterführende Informationen enthalten. Um die steuerliche Förderung zu erhalten, müssen Sie die Ihnen entstandenen Kosten als Teil der Einkommensteuererklärung beim Finanzamt geltend machen. Dabei reichen Sie auch die Bescheinigung über die durchgeführten Maßnahmen ein.

Was wird steuerlich gefördert?

Gefördert werden folgende energetische Maßnahmen an einem Gebäude oder einer Wohnung:

- Wärmedämmung von Wänden, Dachflächen oder Geschossdecken,
- Erneuerung von Fenstern oder Außentüren und Verbesserung des sommerlichen Wärmeschutzes,
- Erneuerung oder Einbau von Lüftungsanlagen,
- Erneuerung der Heizungsanlage,
- Optimierung bestehender Heizungsanlagen, sofern diese älter als zwei Jahre sind,
- Einbau von digitalen Systemen zur energetischen Betriebs- und Verbrauchsoptimierung.

Daneben kann auch die energetische Baubegleitung und Fachplanung steuerlich gefördert werden. Dafür muss diese von Energieberaterinnen und Energieberatern durchgeführt worden sein, die vom Bundesamt für Wirtschaft und Ausfuhrkontrolle (BAFA) zum Förderprogramm *Energieberatung für Wohngebäude* zugelassen sind. Dem gleichgestellt ist die Beauftragung von *Energieeffizienz-Expertinnen oder -Experten* aus der Energieeffizienz-Experten-Liste für Förderprogramme des Bundes (http://www.energie-effizienz-experten.de).

Wie hoch ist die steuerliche Förderung?

Sie können über drei Jahre verteilt 20% der Kosten der energetischen Maßnahme steuerlich absetzen. Die Höchstsumme der Förderung beträgt 40.000 € pro Wohnobjekt. Kosten für eine energetische Baubegleitung und Fachplanung dürfen direkt zu 50% abgesetzt werden und müssen nicht über mehrere Jahre verteilt werden.

Für eine steuerliche Förderung müssen folgende Voraussetzungen erfüllt sein:

- Das Haus oder das Gebäude, in dem sich Ihre Wohnung befindet, muss mindestens zehn Jahre alt sein.
- Sie müssen Eigentümer des Hauses oder der Wohnung sein und das Haus oder die Wohnung selbst bewohnen.
- Die energetische Maßnahme muss von einem Fachunternehmen ausgeführt worden sein und bestimmte technische Anforderungen einhalten, die Sie in der *Energetischen Sanierungsmaßnahmen-Verordnung* (www.gesetze-im-internet.de/esanmv/) nachlesen können. Die Anforderungen orientieren sich an den BAFA- und KfW-Standards.
- Sie müssen dem Finanzamt eine Bescheinigung über die ausgeführten energetischen Maßnahmen vorlegen.

9 Strategien

9.1 Der Wert der Angst

Was ist es Ihnen wert, sich nicht ängstigen zu müssen? Natürlich ist das eine heikle Frage, denn diese setzt voraus, dass Sie Ihre Angst überhaupt wahrnehmen. Lassen Sie Ihre Angst ruhig zu, dann sehen Sie klarer.

In Bezug auf die Energieversorgung sind Sie auch deshalb verunsichert, weil Sie sich um das Problem der Energieversorgung bisher nicht wirklich kümmern mussten, weil die Rezepte bisher recht eindeutig waren und weil Ihnen die Fachleute doch zumindest grob Kosten und Nutzen von energetisch relevanten Maßnahmen vorrechnen konnten. Die klassische Wirtschaftlichkeit ließ sich anhand einer bisher doch sehr stabilen Energiesituation ermitteln: Bis wann hat sich welche Investition amortisiert? Man konnte anhand der Energie- und Kosteneinsparungen relativ einfach errechnen, wann sich die neue Heizung, die Solaranlage oder die Dämmung des Daches refinanziert hat.

Das ist heute, Stand Anfang 2023, anders. Die Baukosten steigen unkontrolliert, die Energiepreise auch, und – das hatten wir in der Geschichte der Bundesrepublik noch nie – die Versorgungssicherheit in diesem Winter ist gefährdet, aktuell beim Erdgas. Auch wenn die Gefahr, im Kalten zu sitzen, bisher nicht unmittelbar drohte, kann sich die Situation durchaus verschärfen.

Wir wissen nicht, was auf uns zukommt. Aufgrund der bisherigen Sorglosigkeit sind die meisten schon deshalb verunsichert, weil kein souveräner Umgang mit dem Thema *Energie* trainiert worden ist; es fehlt jede spielerische Leichtigkeit im Umgang mit *Kilowattstunden*. Diese Unbeholfenheit verunsichert. Eine einfache Zusammenstellung des Energieverbrauchs der einzelnen Verbraucher und deren Einsparpotentiale (wie in den Kapiteln 4 - 7 beschrieben) multipliziert mit den aktuellen Energiepreisen, führt immerhin dazu, die etwa zu erwartenden Kosten auf monatliche und jährliche Belastungen hochzurechnen. Wenn Sie diese Zahlen kennen und vielleicht schon Auswege überlegt haben, wird die Angst von selbst kleiner.

Die Quantifizierung ermöglicht die Einordnung der Energiekosten in Ihr monatliches Haushaltsbudget. Haben Sie im Jahr 2021 vielleicht insgesamt 10% Ihres verfügbaren Einkommens für Strom, Gas und Benzin ausgegeben, so sind das 2022 wohlmöglich schon 25%. Das mag Sie vielleicht erschrecken, aber gleichzeitig haben Sie sich auch sehr gerne daran gewöhnt, dass in den letzten Jahren im Bundesdurchschnitt weniger als 15% des Einkommens für Nahrungsmittel ausgegeben wurden. Vor 50 Jahren war der Anteil noch nahezu dreimal so hoch.

Wie gehen Sie mit Ihrer Angst um? Gehen Sie in die Offensive! Stehen Sie nicht da, wie das Kaninchen vor der Schlange, handeln Sie!

Denken Sie nach, schichten Sie um, und schaffen Sie Polster!

9.2 Der Faktor Zeit

Welche Zeiträume veranschlagen Sie für Ihre Energie-Einsparstrategie? Die einfachen Maßnahmen aus Kap. 4 lassen sich schnell umsetzen, die dafür notwendigen Investitionskosten lassen sich wahrscheinlich aus Ihrem laufenden Haushalt finanzieren.

Bei der Sanierung der Gebäudehülle und der Modernisierung Ihres Energiesystems werden aber u.U. Investitionen im sechsstelligen Bereich notwendig. Dafür ist eine langfristige Strategie notwendig, die nicht nur die Finanzierung einbezieht, sondern auch eine Einschätzung erfordert, wie die technologische Entwicklung der Heizungstechniken und die absolute Lebensdauer von (Bau-) Produkten zu bewerten ist.

Auf was lassen Sie sich ein:

- Welches ist der richtige Zeitpunkt für Investitionen?
- Wie sieht die aktuelle Versorgungslage bei Wärmepumpen, Solarzellen etc. aus?
- Wie ist die momentane Preisentwicklung? Entscheidet man ganz schnell, aus Sorge, es könnte noch teurer werden?
- Oder wartet man besser, bis sich die Panik gelegt hat und sich die Lieferketten normalisiert haben?
- Entstehen in den nächsten Jahren vielleicht technologische Innovationen, die man noch mitnehmen möchte?
- Oder haben Sie den richtigen Zeitpunkt bereits verpasst?

Was erwarten Sie: Von welcher Nutzungsdauer des jeweiligen Objektes gehen Sie aus? Welche Kriterien wollen Sie zugrunde legen?

... bis zum nächsten Technologiesprung oder Technologiewechsel?

Es hat in den letzten Jahrzehnten im Baubereich eine Reihe von Entwicklungen gegeben, die zweifelsfrei von Vorteil waren. Am besten lässt sich das am Beispiel von Verglasungen darstellen: In der 1960er Jahren war die Zweischeiben-Isolierverglasung eine wesentliche Verbesserung (Reduzierung des Wärmeverlustes um 60 - 70%) gegenüber der bis dahin üblichen Einscheiben-Verglasung. Zwanzig Jahre später wurden Zweischeiben-Wärmeschutzgläser entwickelt, die dank einer hauchdünnen Metallbedampfung und einer Edelgasfüllung eine weitere Einsparung von ca. 60% ermöglichten. Vor ca. 15 Jahren kam ein verbessertes Dreischeiben-Wärmeschutzglas auf den Markt, welches den U-Wert der Verglasung noch einmal um weitere 40 - 50% senkte.

Somit lässt sich für die letzten 50 Jahre eindeutig bilanzieren, dass die Lebensdauer von Verglasungen zwanzig Jahre nicht übersteigen musste oder sogar sollte. Da auf diesem Gebiet auch weitere technologische Entwicklungen zu erwarten sind, vermutlich zu erschwinglichen Preisen, kann man dieser Entwicklung momentan entspannt gegenüberstehen.

Bei den Solarzellen gab es eine ähnliche Entwicklung: Der Wirkungsgrad hat sich in den letzten 30 Jahren nahezu verdoppelt, so dass man in Erwägung ziehen könnte, vorhandene Module auszutauschen, auch wenn sie noch funktionieren sollten. Bei heutigen Modulen sollte man nicht mit einer Lebensdauer von mehr als 20 Jahren rechnen, und man kann nur hoffen, dass die nächste Solarzellengeneration eine Neuinvestition rechtfertigt.

...bis zum Ende einer vernünftigen Nutzung?

Was ist vernünftig? Wir haben uns, insbesondere bei elektronischen Geräten, an immer kürzere Nutzungszeiträume gewöhnt. Uns wird suggeriert, dass wir spätestens in zwei Jahren ein neues Gerät brauchen, das wesentlich leistungsfähiger ist als das bisherige. Das klappt bis zu dem Punkt, an dem man merkt, dass man diesen ganzen Blödsinn nicht braucht, dass der Ausstattungsschnickschnack Lebenszeit raubt und diese in keinem Verhältnis zum Komfortgewinn steht. Allerdings gibt es auch verschiedene Dinge, deren Entwicklungspotential weitgehend erschöpft ist. Ein Schrank gehört dazu, aber auch ein Stuhl. Auch wenn es hier grundsätzlich noch Entwicklungspotential gäbe

9.1
Zustand eines Solarmoduls nach 24 Jahren: Korrosion und Feuchtigkeitseinträge haben die Leistungsfähigkeit der Solarzellen stark eingeschränkt, die Funktionstüchtigkeit ist nicht mehr gewährleistet. Es ist Zeit, die Anlage durch eine neue zu ersetzen.

(Optimierung der Ergonomie, Heiz- oder Massagefunktionen), hat in den letzten 50 Jahren keine wirkliche Entwicklung stattgefunden. Aber vor allem: Wie sieht es mit der vernünftigen Nutzung Ihres Hauses aus?

...bis zur energetischen Amortisation?

Eine solche Rechnung ist beim Einsatz energiesparender Technologien von Bedeutung, denn sie ist nur dann sinnvoll, wenn die für die Produktion eingesetzte Energie nicht höher ist als der Ertrag während der Lebens- bzw. Nutzungsdauer. Die Frage wird gerne im Zusammenhang mit Solaranlagen und Wärmedämmung gestellt. Tabelle 9.2 zeigt den Erntefaktor verschiedener Technologien. Allerdings verschlechtert sich dieser Faktor mit nachlassender Lebensdauer. Je langlebiger ein Produkt ist, desto höher ist sein Erntefaktor.

... bis zur endgültigen Bezahlung?

Die Rechnung ist ähnlich wie bei der energetischen Amortisation, betrachtet wird dabei allerdings die betriebswirtschaftliche Rentabilität.

Wir haben uns daran gewöhnt, dass vor allem Wohngebäude heute auf 25 - 30 Jahre finanziert werden. Das liegt daran, dass für eine Bank das Risiko in dieser Zeit einschätzbar ist und ein wesentlicher Teil des Wertes (vor allem des Grundstücks) nicht verlorengeht.

Wie aber sieht es bei den einzelnen Bauteilen aus? Drei Kategorien von Bauteilen sind zu unterscheiden:

- der Rohbau,
- die Oberflächen und
- die technische Gebäudeausrüstung.

Wie sind diese zu bewerten? Wir wissen aus der Geschichte: Der *Rohbau* hat historisch die längste Lebensdauer, wir billigen ihm immer noch gefühlte 100 Jahre zu.

Die *Oberflächen* erneuern wir im Schnitt alle 10 Jahre, tatsächlich nehmen die Erneuerungsintervalle ab, denn die Hemmschwelle, durch Oberflächengestaltung den Charakter von Räumen neu zu definieren, ist tatsächlich relativ niedrig, zumal der technische Aufwand vergleichsweise gering ist: Altes Leid im neuen Hemd.

Die Hemmschwelle, die *Technik* eines Hauses noch einmal grundsätzlich zu hinterfragen und zu verändern, ist schon deshalb wesentlich höher, weil damit in der Regel ungleich mehr Eingriffe in die Bausubstanz verbunden sind und der Effekt vordergründig nicht wahrnehmbar ist: warm war es schließlich auch vorher, wenn auch nicht so effizient. Das kostet einige Überwindungen.

Das hängt in erster Linie damit zusammen, dass wir es für selbstverständlich erachten, dass Installationen unter Putz bzw. im Fußboden verlegt werden. In Anbetracht der immer kürzeren Lebensdauer von Installationen ist es ratsam, über andere Arten der Installation nachzudenken. Die Kollateralschäden durch die Erneuerung von Haustechnik sind bisweilen höher, als die Effizienzverbesserung durch eine neue Technikgeneration.

Energetische Armortisation

	Amortisation Monate	Nutzung Jahre	Erntefaktor
Wärmedämmung			
0 auf 10 cm	2-10	40	50 - 240
10 auf 20 cm	15-70	40	7 - 32
20 auf 30 cm	30-140	40	4 - 16
30 auf 40 cm	60-270	40	2 - 8
Therm. Solaranlage	12 - 30	25	10 - 16
Photovoltaik			
monokristallin	24 - 30	25	10 - 13
polykristallin	18 - 24	25	14 - 17
Windrad 1,5 MW	4 - 5	15	46 - 50

9.2
Energetische Amortisation und Erntefaktoren verschiedener Technologien (Mittelwerte aus diversen Quellen).

9.3 Kreatives Rechnen

Viel zu lange haben wir uns daran gewöhnt, energetische Entscheidungen unter dem Aspekt der sogenannten Wirtschaftlichkeit zu treffen. Daher sind viele energetische Maßnahmen für Sie unattraktiv gewesen, weil Sie die Kosten einfach stumpf mit Putins Dumping-Gaspreis verglichen haben. Vielleicht ist die Unabhängigkeitskomponente dadurch bisher zu kurz gekommen, insbesondere die schlichte Freude darüber, dass es bereits seit Jahren problemlos möglich war, den eigenen Strom mittels einer Photovoltaikanlage komplett selbst zu erzeugen, auch wenn man das öffentliche Stromnetz noch als Puffer benötigt.

Das Gefühl von Freiheit, Unabhängigkeit und Wohlbefinden kann man unter einem anderen Posten verbuchen, manchmal sogar die Möglichkeit der ungestraften Verschwendung, wenn im Sommer der Solarspeicher so voll ist, dass man fast zum Vollbad verführt wird, weil so die Effizienz der Anlage erhöht wird. Man gönnt sich einfach die kleinen Großzügigkeiten, die man bei konventioneller Energieversorgung teuer bezahlen müsste.

Buchen Sie die energiesparenden und -gewinnenden Maßnahmen einfach unter der Rubrik *Lustgewinn* und freuen Sie sich bei jeder Maßnahme, die Sie umgesetzt haben, über ein Stück weiterer Unabhängigkeit. Sollten Sie jemals in die Situation kommen, alles getan zu haben, können Sie sich entspannt und zufrieden zurücklehnen und einfach Ihre klugen Entscheidungen genießen.

9.4 Lustvolle Kompensation

Haben Sie einmal überlegt, wie viel Lebensenergie Sie gebunden und verschwendet haben durch den Ärger oder die Ängste ob der Energiepreisentwicklung und der möglicherweise noch bevorstehenden Einschränkungen? Da stellt sich doch zwangsläufig die Frage: Wie dämlich bzw. unnötig ist das denn?

Statt sich zu ärgern sollte man sich doch eigentlich jeden Tag darüber freuen, dass es uns im Verhältnis zu vielen anderen Menschen noch verdammt gut geht: Uns fliegen keine Bomben um die Ohren, wir sind nicht auf der Flucht, haben genug zu essen und können unsere Meinung frei äußern. Wo also ist das Problem? Gut – wir werden wohl unseren Konsum reduzieren müssen, und es sind Wohlstandsverluste zu erwarten. Die meisten von uns haben aber Spielräume, und diese gilt es einfach und möglichst lustvoll zu nutzen. Schon im Jahre 2012 hat Niko Paech ein Buch mit dem Titel *Befreiung vom Überfluss* geschrieben. Wie lange dient der alltägliche Konsum dazu, Bedürfnisse zu befriedigen und zum besseren Lebensgefühl beizutragen und ab wann ist Konsum nur noch eine dumme Angewohnheit mit einer Tendenz zur Sucht, immer etwas Neues haben zu müssen? Die Kaufintervalle werden jedenfalls immer kürzer und der Lustgewinn immer geringer.

Wenn man einmal die alltägliche Frage *Was brauche ich?* durch das Wort *nicht* ergänzt, dann könnte die Antwort darauf ganz neue Spielräume eröffnen, weil das Leben auf einmal viel kostengünstiger wird! Man sollte diese Umkehrung mit Freude praktizieren und sich belohnen: Was man nicht hat, muss man nicht bezahlen und nicht verdienen, es benötigt keinen Platz, geht nicht kaputt, muss nicht gepflegt werden. Sie glauben gar nicht, welche Spielräume sich auf einmal auftun.

Sie können:

- vielleicht eine höhere Effektivität erreichen, statt immer nur die höhere Effizienz von Bau- und Haustechnik im Kopf zu haben,
- einfach über das bewusste Wahrnehmen von Qualität und Quantität der Energieströme zu einer Verhaltensänderung zu kommen,
- den Bedarf von Anschaffungen einfach mal infrage stellen,

- sich vielleicht anders organisieren,
- das allgemeine Konsumverhalten neu bedenken,
- die eigene Mobilität überprüfen,
- auch Urlaubsziele innerhalb Deutschlands ins Auge fassen,
- die Ernährungsgewohnheiten umstellen,
- und im Zweifelsfalle auch dem lustvollen Verzicht frönen.

Kurz gesagt, Sie können die alltäglichen Entscheidungen regelmäßig auf ihre Alternativen hin überprüfen. Geht es nicht auch anders? Nicht um den Selbstzweck einer permanenten Optimierung geht es, sondern um ein genussvolles Nachdenken, ob das Neuorganisieren vertrauter Gewohnheiten nicht zu ganz neuen und reizvollen Perspektiven führt. Sie sparen verflucht viel Geld dabei!

9.5 Wie lässt sich die kognitive Dissonanz überlisten?

Kognitive Dissonanz beschreibt u.a. den Konflikt aus Wissen und Handeln. Man weiß, dass es eigentlich nicht richtig ist, etwas zu tun, macht es aber trotzdem, was zu unangenehmen Gefühlszuständen führt. Rauchen ist ein bekanntes Beispiel, ebenso der Umgang mit Energie, Rohstoffen, Klima usw. Immer wieder lassen wir uns dazu verführen, uns umweltschädlich zu verhalten, obwohl wir wissen, dass wir es eigentlich nicht tun sollten.

Erinnern Sie sich an den *kategorischen Imperativ* des Philosophen Emanuel Kant: *Handle nur nach derjenigen Maxime, durch die du zugleich wollen kannst, dass sie ein allgemeines Gesetz werde*!

Bei vielen Entscheidungen im Bereich von Energie und Klimaschutz spielt der Preis eine Rolle. Entscheiden nicht auch Sie sich häufig für die vordergründig preisgünstigere Lösung? Und wenn Sie darüber nachdenken, ist Ihnen dann immer ganz wohl dabei?

Überlegen Sie einmal, was Sie – unabhängig vom Geld – für *richtige* Lösungen halten. Sie werden entgegnen: Schön und gut, aber das kann ich mir nicht leisten.

Aber können Sie es sich wirklich nicht leisten oder wollen Sie es eigentlich nicht? Wenn Sie ganz ehrlich sind, werden Sie schnell zu dem Ergebnis kommen: Sie wollen eigentlich nicht, Sie erkennen den Wert nicht.

Wenn Sie sich möglicherweise bereits in der zweiten Lebenshälfte befinden und die wesentlichen existentiellen Fragen entsprechend (vor-) geklärt sind, wäre es vielleicht an der Zeit, die eine oder andere Korrektur vorzunehmen, um auch der nächsten Generation mit einem etwas weniger schlechten Gewissen gegenüberzutreten, im günstigen Fall auch mit breiter Brust: *Ich habe alles getan, was möglich war.*

9.6 Zehn Schritte zur Konsequenz

Sie befinden sich in einer Situation, von der Sie wissen, dass Sie eine Entscheidung treffen müssen – auch Aussitzen könnte eine Lösung sein. Sie haben eine grobe Vorstellung, aber im Grunde genommen keine Ahnung, welchen Umfang die energetische Ertüchtigung Ihres Hauses/Ihrer Wohnung haben soll oder muss. Sie haben ungefähre Vorstellungen von dem, was Sie an Geld ausgeben wollen. Möglicherweise waren Sie auch schon bei Ihrer Hausbank und haben gefragt, was diese Ihnen bei Ihren Einkommensverhältnissen denn so finanziert.

Sich professionell und neutral beraten zu lassen, ist Ihnen vielleicht zu teuer – Sie denken, Sie können das selber und halten sich für zurechnungsfähig. Sie wünschen sich eine souveräne Entscheidung.

Aber wie kommt diese zustande? Nehmen Sie sich viel Zeit und schreiben Sie alles auf. Sie werden feststellen, je länger Sie sich mit den grundsätzlichen Fragestellungen und nicht mit Detailproblemen beschäftigen, desto qualifizierter wird Ihre Entscheidung ausfallen.

1. Schritt: Radikal kritische Bestandsaufnahme

Überlegen Sie selbst oder mit Hilfe eines Energieberaters Ihres Vertrauens, welche energetischen Schwachstellen Ihr Haushalt und Ihre Mobilität aufweisen (Ergebnisse von Kap. 1). Untersuchen Sie die einzelnen Verbraucher mit ihren jährlichen Kosten und rechnen Sie diese auf die nächsten 10 oder 15 Jahre hoch. Überlegen Sie vor allem, ob Sie die energetische Sanierung nicht mit einer kompletten Neuorganisation Ihres Hauses verbinden möchten. Brauchen Sie noch so viel Platz, oder könnte man im Rahmen der Maßnahmen nicht auch eine Einliegerwohnung abteilen?

Trauen Sie sich ggf. noch einen Schritt weiter: Führt die kritische Bestandsaufnahme vielleicht auch dazu, Ihre gesamte Wohnsituation zu überdenken? Passt das Haus/die Wohnung noch zu Ihrem Lebenskonzept der nächsten Jahre oder stehen andere Entscheidungen an als Wände und Dach zu dämmen und die Heizung zu erneuern? Auch wenn der Anlass der Bestandsaufnahme eher unfreiwillig und den Umständen der Energieverknappung und Verteuerung geschuldet ist, sollten Sie sich doch die Chance nicht entgehen lassen, grundsätzlich über Ihre Zukunft nachzudenken. Trauen Sie sich – auch wenn es Sie eventuell in die Krise treibt. Sie werden gestärkt aus dieser wieder herauskommen.

2. Schritt: Erstellen einer Wunschliste

Was trauen Sie sich zu wünschen? Die Kunst besteht darin, den Korridor realistisch zu gestalten, sich aber auch zu trauen, Wünsche zu formulieren, die vielleicht nicht leicht und direkt umsetzbar sind, aber doch irgendwie im Rahmen Ihrer Möglichkeiten liegen. Gehen Sie vielleicht besser davon aus, in diesem Leben keine Million im Lotto zu gewinnen. Aber wenn Sie tief in sich hineinhorchen, dann werden Sie feststellen, dass es viele kleine, oft atmosphärische Dinge gibt, die einen hohen Stellenwert haben, aber nicht unbedingt kostenintensiv sind.

3. Schritt: Definition von Ausschlusskriterien

Es gibt Dinge, die man nicht ertragen kann oder möchte, vielleicht mögen Sie Solarzellen auf dem Dach nicht leiden, oder sind ein Freund des Vollbades oder des Autofahrens und wollen daran definitiv auch nichts ändern. Auch bei der viel zu üppigen Wohnfläche soll es bleiben. Schreiben Sie alles auf, streichen können Sie später.

4. Schritt: Bildung von Prioritäten

Wenn Sie aufgelistet haben, welche Maßnahmen Sie auf gar keinen Fall bei Ihrem energetischen Update umsetzen wollen, so lassen sich diese qualitativ und quantitativ beschreiben. Versuchen Sie alle in Betracht kommenden Maßnahmen nach energetischen, ökonomischen, aber auch Wohnwert verbessernden Aspekten (z.B. neue und größere Fenster, das neue Dach mit mehr Tageslicht etc.) zu ordnen und zu bewerten.

Gehen Sie Ihre Wunschliste durch und versuchen Sie, diese nach *wichtig* und *weniger wichtig* zu sortieren. Anschließend können Sie mit Hilfe eines/r Architekten/in oder einer anderen Fachperson die Kosten dieser Wünsche ermitteln lassen. Versehen Sie Ihre Wünsche auch mit einem Zeitfaktor: Wann und wie lange haben Sie Ruhe vor der nächsten fälligen Entscheidung?

Sortieren Sie die Maßnahmen in solche, die effektiv sind, mit oder ohne Verhaltenskorrekturen, und andere, die eine hohe emotionale Komponente beinhalten. Sie können eine Solaranlage unter ökonomischen Aspekten bauen oder aus Freude daran, in Zukunft ohne schlechtes Gewissen in die Badewanne zu steigen.

Wie oft nutzen Sie die Dinge, die Sie sich wünschen – tatsächlich jeden Tag? Wie oft und wie intensiv können Sie sich über Dinge oder auch über räumliche oder atmosphärische Verbesserungen freuen und diese genießen?

5. Schritt: Erstellen einer Vorher-Nachher-Liste

Versuchen Sie ganz ehrlich, Ihre bisherigen Gewohnheiten im Umgang mit Energie nach Kriterien geordnet aufzulisten: Welches Verhältnis haben Sie zur Herkunft und Klimarelevanz Ihrer Energieversorgung und der damit verbundenen Haustechnik? Womit haben Sie sich bisher beschäftigt, womit wollen Sie sich in Zukunft beschäftigen?

6. Schritt: Ermitteln von Kompromisspositionen

Diese ergeben sich fast von selbst aus den Schritten 4 und 5. Fangen Sie aber nicht zu schnell an, Kompromisse zu machen. Das Problem besteht vor allem im hausgemachten Druck. Die latente Panik treibt Sie an, alle Freunde und Arbeitskollegen um Sie herum teilen Ihnen ihr aktuelles Halbwissen und persönliche Betroffenheit mit, die Preise steigen und die Zinsen auch. Das könnte Sie unter Zugzwang setzen. Aber jetzt mal ehrlich: Sie werden auch den nächsten Winter überleben, ohne wirklich zu frieren. Denken Sie zügig, aber nicht hektisch nach. Gehen Sie möglichst analytisch vor!

7. Schritt: Marktsondierung

Was lässt sich im Augenblick umsetzen? Welche Handwerker stehen zur Verfügung, welche Produkte sind zu bekommen, wie hoch sind die Preise? Ist der Markt gerade überhitzt (z.B. in Großstädten) oder gibt es noch akzeptable Angebote? Da der private Neubau (Stand Anfang 2023) gerade zum Erliegen kommt, hat doch der eine oder andere Handwerker wieder Kapazitäten frei. Werden die Wärmepumpen im nächsten Jahr preisgünstiger, weil die Hersteller ihre Kapazitäten erhöht haben und weil sich die größeren Stückzahlen auf die Preise niederschlagen? Bezogen auf das bisschen Technik, welches sich in der Wärmepumpe befindet, ist diese ohnehin zu teuer: Das Funktionsprinzip entspricht einem umgekehrten Kühlschrank, die paar mehr Regelungs- und Steuerkomponenten dürften den zwanzig- bis dreißigfachen Preis gegenüber einem Kühlschrank kaum rechtfertigen.

8. Schritt: Scharf und kreativ rechnen

Das ist leichter gesagt als getan.
Hier ein einfaches Rechen-Modell: Sie haben ein jährliches Budget/Einkommen von 40.000, 50.000 oder vielleicht sogar 80.000 € netto im Jahr. Die festen und variablen Kosten ermitteln Sie bitte selbst. Was geben Sie für Ernährung aus, für Wohnen, Konsum und sonstiges? Es ist sinnvoll, das einfach mal über einen definierten Zeitraum exemplarisch zu bilanzieren, um sich die Größenordnungen klar zu machen:

- Welche neuen Spielräume bietet das Budget?
- Welche Korrekturen möchten Sie frohgelaunt vollziehen?
- Wollen Sie statt des neuen Autos lieber eine Wärmepumpe anschaffen?
- Oder wollen Sie statt der Kreuzfahrt lieber die Hohlwände mit Dämmung ausblasen lassen?

Gehen Sie Ihre periodischen Ausgaben durch. Was ist Ihnen Ihre Angstfreiheit wert? Wird die Freude über die größere Energieunabhängigkeit von der Sorge überlagert, dass Sie die Kosten dafür nicht stemmen können? Wie stehen die Ausgaben im Verhältnis zu Ihrer Arbeitssituation und Ihren Einkünften?

Vielleicht verschieben Sie die Dämmung Ihres Daches einfach und fliegen einmal jährlich weniger in den Urlaub. Damit können Sie durchaus in der CO_2-Bilanz je nach Entfernung 10 - 20 cm Wärmedämmung (je nach Bestandsqualität) im Dach ersetzen. Man kann auch mit der Bahn viele attraktive Reiseziele erreichen.

9. Schritt: Entscheidungen vorbereiten und Verbündete suchen

Eine Investition in verbesserten Wärmeschutz oder Erneuerung der Heiztechnik ist die wohlmöglich kostenintensivste Entscheidung seit dem Bau oder Erwerb Ihrer Immobilie. Glauben Sie diese alleine treffen zu können oder brauchen Sie Verbündete und Unterstützung?

Welche Kompetenz fehlt Ihnen? Was soll die Person können, die Sie berät? Was erwarten Sie von dem- oder derjenigen, wie viel Auseinandersetzung halten Sie aus? Haben Sie die Souveränität, sich auch Argumente anzuhören, die Sie lieber verdrängen? Auch wenn Ihr vielleicht eher unbedarfter oder auch einseitig geprägter Blick für das Thema Energie etwas durchgeschüttelt wird – lassen Sie es einfach zu, Sie werden es nicht bereuen.

10. Schritt: Entscheidungen umsetzen

Sich zu entscheiden und die Erkenntnisse wirklich in die Tat umzusetzen, heißt nicht nur, die kognitive Dissonanz zu überwinden, sondern auch – mit allen Risiken und Nebenwirkungen – für die getroffenen Entscheidungen Verantwortung zu tragen, aber auch den Erfolg zu genießen und sich dafür zu belohnen, die 9 vorherigen Schritte bewusst und ehrlich absolviert zu haben. Ob man diese Entscheidung zehn Jahre später immer noch so toll findet wie zum Zeitpunkt der Umsetzung, bleibt ungewiss. Es geht um die Freude darüber, eine handwerklich sorgfältig abgewogene Entscheidung getroffen zu haben, eine, zu der man sich nicht hat verleiten oder drängeln lassen, sondern in die möglichst viele alltagsrelevante Aspekte eingeflossen sind, möglichst ohne sich permanent selbst zu betrügen.

Das *Prinzip Hoffnung* sollte man nicht außer Acht lassen: Energieminimierung als Herausforderung heißt auch, dass nicht das Vertraute die Entscheidung bestimmt, sondern das angestrebte Ziel. Die gute Hoffnung kann uns darin bestärken, dass die Entscheidungen, die man im Kopf, manchmal auch im Bauch längst vollzogen hat, zu etwas Richtigem führen werden, auch wenn es noch des Beweises der Alltagstauglichkeit bedarf.

- Wie mutig sind Sie?
- Welches Risiko (er-)tragen Sie?
- Welche Rückzugsoptionen gibt es?

Es gilt diese Fragen ehrlich zu beantworten, denn es geht in der Regel um sehr viel Geld, bzw. um ein entsprechendes Lebenszeitäquivalent. Was ist, wenn sich das *Prinzip Hoffnung* als Fehleinschätzung herausstellt? Wenn die Vergangenheit und die vertrauten Gewohnheiten doch viel stärker prägen, als man es sich in seiner sorgfältigen Analyse hat eingestehen wollen?

Wenn Sie merken, Sie haben sich getraut, einen Weg zu gehen, den Sie nach noch so sorgfältigen Überlegungen als nicht passend betrachten, kehren Sie um! Ärgern Sie sich nicht, sondern freuen Sie sich über diese Erfahrung, auch wenn diese vielleicht teuer war, und entscheiden Sie neu. Freuen Sie sich einfach darüber, dass Sie wieder mehr über sich gelernt haben und Ihr Entscheidungskorridor vielleicht etwas präziser geworden ist.

10 Risiken und Nebenwirkungen

10.1 Was Ihnen niemand erzählt und Sie auch gar nicht hören wollen

Auch wenn dieses Buch viele für Sie glaubwürdige und nachvollziehbare Empfehlungen enthält, so können Sie dennoch nicht sicher sein, dass Sie daraufhin die richtigen Entscheidungen treffen. Ein Risiko bleibt immer. Insbesondere beim Einsatz neuer Technologien werden gerade riesengroße Erwartungen geweckt, z.B. bei Photovoltaik, Wärmepumpe und Elektromobilität. Die Industrie preist uns ihre Produkte an und stellt diese in den schillerndsten Farben dar. Die Autoindustrie ist mal wieder ganz vorne und suggeriert uns, mit dem Umstieg auf Elektromobilität würden wir einen wesentlichen Beitrag zum Klimaschutz leisten. Auch politisch werden die Weichen in diese Richtung gestellt, um uns in Sicherheit zu wiegen, damit wir in diese Technologien investieren. Der Weg in eine rein elektrische Energieversorgung erscheint plausibel.

Aber wie wird das in 10 oder 20 Jahren aussehen? Werden dann die Erkenntnisse von heute noch gelten, oder kommt man zum Ergebnis: das war der falsche Weg, wir haben uns verleiten lassen. Wollen wir tatsächlich diese voll digitalisierte Welt?

In der Vergangenheit ist man immer wieder im Nachherein zu Erkenntnissen gelangt, die man zum Zeitraum der Markteinführung eines Produktes nicht berücksichtigt hatte. Man denke nur an die Holzschutzmittel der 1970er Jahre, deren Wirkstoffe PCP, Lindan oder DDT sich zehn Jahre später als gesundheitsschädlich herausgestellt haben. Ähnliches gilt für das Formaldehyd in Spanplatten oder die Lungengängigkeit von Mineralfasern in Dämmstoffen.

Auch bei der Technik hat es zu unterschiedlichen Zeiträumen verschiedene Erkenntnisstände gegeben. Hat man von den 1980er bis zu den 2000er Jahren der Solarthermie gegenüber der Photovoltaik den absoluten Vorrang eingeräumt und sogar die solarthermische Heizungsunterstützung proklamiert, so ist dieser Ansatz längst von der Preis- und Technologieentwicklung der Photovoltaik komplett überholt worden. Ähnlich verhielt es sich mit dem Pelletkessel. Zu Beginn des Jahrtausends passte diese CO_2-neutrale Heiztechnik in jedes Förderprogramm, heute ist man aufgrund der Feinstaubemissionen und der manchmal zweifelhaften Herkunft der Pellets zurückhaltender geworden. Vor 10 Jahren wurden auch noch kleine Blockheizkraftwerke gefördert, die quasi als eierlegende Wollmilchsau der Wärme- und Stromerzeugung gefeiert wurden, was sich heute ganz anders darstellt.,

Neue Entwicklungen – das ist im Baubereich nicht anders als bei alltäglichen Gebrauchsprodukten – werden euphorisch beworben, um Umsätze zu generieren. Das falsche Haarwaschmittel zu kaufen ist aber ungleich weniger kostspielig als die falsche Energietechnik einzubauen. Es wäre unlauter, den Herstellern böse Absichten zu unterstellen. Manche Erkenntnisse kommen erst später, technische Entwicklungen werden von anderen abgelöst oder die Rahmenbedingungen ändern sich grundsätzlich, wie aktuell durch den Einbruch bei Lieferketten. Wir wissen weniger, als wir denken.

10.2 Vom Energiekonsumenten zum Investor

Auch wenn Sie bisher nicht sonderlich geübt darin waren, Risiken zu übernehmen: Sie haben einen unbefristeten Arbeitsvertrag, selbst Ihr Fahrrad ist gegen Diebstahl versichert und auch Ihre Urlaubsreise im Krankheitsfall. Und der Staat hat sich angewöhnt, die Risiken seiner Bürgerinnen und Bürger abzupuffern. Sie konnten sich also bisher frohen Herzens aufs Konsumieren beschränken.

Als Investition kann man grundsätzliche, risikobehaftete Entscheidungen betrachten, die auch immer mit langfristigen strategischen Überlegungen verbunden sind. Investitionen binden Kapital und Zeit, sie sind häufig nicht umkehrbar.

Der Großteil des Risikos liegt in der Zukunft, die hinsichtlich der Energieversorgung und der technologischen Innovationen von niemandem vorausgesagt werden kann. Es gibt politische Absichtserklärungen – und davon ziemlich viele –, aber auch darauf kann man sich im Zweifelsfall auch nicht berufen.

Bisher hat Ihr Haushalt in der Regel Energie aus drei verschiedenen Quellen erhalten, in Zukunft könnten sich diese auf eine reduzieren. Das hat zum einen den Vorteil der Vereinfachung und der Kombinierbarkeit, zum anderen entsteht daraus die totale Abhängigkeit von Elektrizität. Hier gilt es, sich des Risikos bewusst zu sein, ein persönliches *Notstrommanagement* zu installieren oder auch einfach darauf zu vertrauen, dass alles gut gehen wird.

Die Vergangenheit, die man gerne als Maßstab heranzieht, taugt nicht mehr. Man wusste zwar schon vor vierzig Jahren, dass die fossilen Energieträger endlich und für die Stabilität des Klimas Alternativen notwendig sind, aber der in der Rückschau verführerisch niedrige Preis von Energie hat viele Investitionen und Innovationen verhindert. Wer kürzlich noch eine Gasheizung eingebaut hat, weil diese, gemessen an den Investitions- und Verbrauchskosten konkurrenzlos günstig erschien, sieht sich schlagartig mit einer neuen Situation konfrontiert. Stand von heute: Investieren Sie in regenerative Energien – egal, ob als Photovoltaik auf Ihrem Dach oder als Beteiligung an einem Windpark! Oder versuchen Sie, radikal den Energieverbrauch Ihres Hauses zu reduzieren – und zwar auch im Hinblick auf eine spätere Nutzung, nach Ihnen. Die Nachfolgegeneration wird es Ihnen danken.

Von welcher Nutzungsdauer von Technologien (siehe Kap. 9.2) gehen wir in Zukunft aus? Man ist bei den einschlägigen Technologien vielleicht zu einer Einschätzung gelangt, abgeleitet aus der Entwicklung der letzten 20 Jahre. Es wird weitere Innovationen geben, Wunder sind nicht zu erwarten und für deren Halbwertzeit lassen sich keine Prognosen abgeben. Wenn Ihnen vor zwanzig Jahren je-

10.1
Bedruckte Fassaden-Photovoltaikmodule. Dazu finden momentan viele Entwicklungen statt. Wann wird die Photovoltaik-Fassade zur Standardausstattung eines Hauses gehören und welche Optionen hält man sich dafür offen?

mand gesagt hätte, dass man heute ein hochwertiges Smartphone im Durchschnitt gerade einmal 2,5 Jahre (Quelle: UBA) benutzt, dann hätten Sie diese Person für verrückt erklärt. Das muss für Sie aber kein Maßstab sein.

- Wie sieht die eigene Strategie aus?
- Handeln oder warten?
- Wann ist der richtige Zeitpunkt für eine souveräne Entscheidung.
- Kann man sich annähern? Will man mehr oder weniger riskieren?

Am wenigsten kann man heutige Energie-Entscheidungen auf der Basis technologischer Entwicklung der letzten 10, 20 oder 30 Jahre begründen. Schon vor zwanzig Jahren haben wir die *Wasserstoff-Brennstoffzelle* als technologische Wunderwaffe für Wärme- und Stromerzeugung beschrieben, bis heute ist sie eine bedeutungslose Exoten-Technologie geblieben. Gibt es noch mal einen Schub oder verschwindet diese endgültig in der Versenkung? Was tut sich auf dem Sektor der Energieversorgung im Allgemeinen und bei einzelnen Technologien, wie der Photovoltaik und der Entwicklung der Wärmepumpe im Speziellen? Die Solarzellenforschung schreitet voran, das Frauenhofer ISE hat bereits im Mai 2022 im Labor einen Wirkungsgradrekordwert von 47% (also fast doppelt so hoch wie der heutige Standard) erreicht, allerdings ist nicht absehbar, wann und zu welchem Preis eine annähernde Effizienz serientauglich verfügbar sein wird. Vielleicht in ein paar Jahren, oder erst in Jahrzehnten – wir wissen es schlichtweg nicht.

Eine entscheidende Frage wird sein: Wie wird die Politik auf die Klimafrage reagieren und mit welchen Konsequenzen werden wir leben? Wenn das 1,5°C-Ziel bis 2050 wirklich erreicht werden soll, dann werden die augenblicklichen Anstrengungen nicht ausreichen, dann werden technische Innovationen, aber auch strengere Regeln notwendig sein. In wieweit diese durchsetzbar sein werden, entscheiden wohlmöglich die Katastrophen der nächsten Jahre. Im Ahrtal ist die Sensibilität vielleicht etwas anders ausgeprägt als in anderen Landesteilen.

Bisherige Rezepte – die gelten für die Zukunft nicht mehr. Aber worauf lassen wir uns ein?

Bauen ist vergangenheitsdominiert, wir haben über die letzten Jahrhunderte hinweg auf den Erkenntnissen und Anforderungen unserer Vorfahren aufbauen können, aber da uns der Erfahrungshintergrund der fossilen Energieversorgung in Zukunft nicht mehr weiterhilft, bleibt uns nichts anderes übrig, als diese Erkenntnisse teilweise konsequent über Bord zu werfen – so schwer es einem auch fallen mag. Das Haus mutiert vom Energiekonsumenten zum Energieprosumenten, also einer Gemengelage aus Energieverbrauch und Produktion, nicht nur bezogen auf das Gebäude, sondern auch hinsichtlich Ihrer Individualmobilität. Und wenn man jetzt noch die veränderten Lebensformen berücksichtigt, dann entstehen völlig neue Anforderungsprofile.

10.3 Die Verantwortung tragen Sie ganz alleine

Sie sind es gewohnt, Fachleute um Rat zu fragen und sich auf diesen Rat zu berufen. Dieses Prinzip funktioniert in vielen Bereichen, man kann schließlich nicht alles wissen. Entscheidend ist, jemanden zu konsultieren, zu dem man Vertrauen hat, der einem komplizierte Zusammenhänge aufzeigt und Kriterien für mögliche Entscheidungswege, so wie es gute Ärzte machen. Um bei der Medizin zu bleiben: Bei jedem Arzneimittel-Beipackzettel werden Ihnen (zwar in fast unleserlich kleiner Schrift) die zu erwartende Häufigkeit von Risiken und Nebenwirkungen dargelegt. Wir hätten diese Art von Quantifizierung und Qualifizierung zwar auch gerne bei den energetischen Entscheidungen, aber wir müssen uns damit abfinden, dass die Zukunft auch unter dem enormen Druck der Klimaveränderungen, gesellschaftlichen Transformationen und fortschreitender Digitalisierung weniger vorhersehbar ist.

Informationen darüber zusammensuchen, zu sortieren, zuzuordnen, Prioritäten zu bilden, langfristig zu denken und irgendwann eine wirklich kluge und weitsichtige Entscheidung zu treffen, hat man leider nicht in der Schule gelernt. Manche Menschen haben sich das, oft beruflich bedingt, antrainiert: ein Ziel zu formulieren, Informationen gezielt zu sammeln, zu sortieren, Risiken und Nebenwirkungen einzuschätzen und die Verantwortung für die Entscheidung zu übernehmen. Andere sind eher ängstlich und vorsichtig, warten ab oder entscheiden sich entweder gar nicht oder richten sich nach der Mehrheit (...machen doch alle so!). Wie bekommen Sie es hin, dass Sie Entscheidungen treffen, die Sie einfach nur für richtig halten?

Wir leben in einer Wissensgesellschaft. Uns stehen unendlich viele Informationen zur Verfügung, dass man glauben sollte, dass wir mehr oder minder souveräne Entscheidungen treffen könnten. Aber wir sind überfordert, obwohl wir das ungern zugeben.

Dazu noch ein paar letzte Fragen:

- Haben Sie die wichtigsten Informationen über die energetische, technische und ökonomische Relevanz der verschiedenen Maßnahmen?
- Wie entschlussfreudig sind Sie eigentlich in den wesentlichen Entscheidungen?
- Worauf basieren Ihre Entscheidungen: wissen, hoffen, glauben?
- Übernehmen Sie die Verantwortung für Ihre Entscheidungen?
- Haben sie wirklich einen Plan oder wurschteln Sie sich so durch?
- Treffen Sie wirklich kluge Entscheidungen?
- Mit welchen Risiken und Nebenwirkungen können Sie leben?
- Haben Sie einen Notfallplan?
- Trauen Sie sich antizyklische Entscheidungen zu, also Entscheidungen zu treffen gegen die gängige Mehrheitsmeinung?

Auch wenn Sie eine Reihe neuer Informationen und Zahlen erhalten haben, fehlt Ihnen doch vielleicht das klare Rezept für Ihre Entscheidung. Das gibt es nicht – immerhin haben Sie bis hierher durchgehalten, eine Reihe von Erkenntnissen, Hoffnungen und Irritationen über sich ergehen lassen und Ihre Stimmungslage ist nicht ganz eindeutig, oder doch?

Aber vielleicht freuen Sie sich einfach darüber, dass Sie in einem Land wohnen, in dem Sie eine Vielzahl von kleinen und großen Möglichkeiten haben, Ihren Energieumsatz auf vielfältigste Art und Weise zu reduzieren und damit zwei Fliegen mit einer Klappe zu schlagen: Ihr Portemonnaie zu entlasten und einen sinnvollen Beitrag fürs Klima zu leisten. Fangen Sie einfach frohen Herzens an!

11 Anhang

Literaturverzeichnis

[1] Gabriel, Ingo, Ladener Heinz, (Hrsg.) Vom Altbau zum Effizienzhaus, Staufen 2017

[2] Drexel, Christof, Zwei Grad. Eine Tonne. Allensbach 2018

[3] Schulz, Marion, Westkämper, Hubert, Das neue Heizen, Rastede 2022

[4] Einfluss der Nutzungsdauer von Produkten auf ihre Umweltwirkung: Schaffung einer Informationsgrundlage und Entwicklung von Strategien gegen „Obsoleszenz" Umweltbundesamt 2016

[5] (Sehr viel) teurer, als man denkt, in: Süddeutsche Zeitung, 22.04.2020

[6] Bus- und Bahnfahrer sind schlanker als Autofahrer, Süddeutsche Zeitung, 20.08.2014

[7] Mobilität in Deutschland, Ergebnisbericht, Bundesministerium für Verkehr und digitale Infrasrtruktur, Bonn, 2019

[8] Agora Verkehrswende, Strategien für die nachhaltige Rohstoffversorgung der Elektromobilität. Berlin, 2017

[9] Öko-Institut und Fraunhofer ISE: Durchbruch für die Wärmepumpe. Praxisoptionen für eine effiziente Wärmewende im Gebäudebestand. Studie im Auftrag von Agora Energiewende, 2022

[10] Fraunhofer ISE, Stromgestehungskosten Erneuerbare Energien, 2021

[11] Fraunhofer ISE, Aktuelle Fakten zur Photovoltaik in Deutschland, Fassung vom 4.12.2022

[12] Interessengemeinschaft Energie Umwelt Feuerungen GmbH, Infoblatt 68, März 2017

[13] Fachagentur Nachwachsende Rohstoffe e.V. (FNR), Marktübersicht Dämmstoffe aus nachwachsenden Rohstoffen, 2019

[14] Holm, , Mayer, C., Sprengard, C., Wirtschaftlichkeit von wärmedämmenden Maßnahmen - Kritische Bewertung von unterschiedlichen Methoden und Einflussfaktoren, FIW München, 2014

[15] Umwelbundesamt (Hrsg.), Wärmedämmung Fragen und Antworten, 2016

Weiterführende Internetadressen

www.spargeraete.de

https://www.bundesregierung.de/breg-de/themen/klimaschutz/energie-sparen/energiespartipps-im-alltag-2041874

https://www.hvv-schulprojekte.de/unterrichtsmaterialien/kosten-mobilitaet/

www.passipedia.de

www.value-analyse.de: Lithium – das weiße Gold der Anden

https://www.verbraucherzentrale.de/wissen/energie/strom-sparen/strom-sparen-im-haushalt-einfache-tipps-10734

https://www.quarks.de/technik/energie/was-die-allzweckwaffe-fuer-die-energiewende-leisten-kann

https://www.co2online.de/klima-schuetzen/mobilitaet/auto-co2-ausstoss/

https://bipv-bw.de/b-architektur-mit-photovoltaik/b1-geeignete-flaechen/

https://www.solaranlage-ratgeber.de/photovoltaik/photovoltaik-technik/photovoltaik-module-im-vergleich

https://www.cik-solutions.com/anwendungen/co2-im-innenraum

https://www.umweltbundesamt.de/sites/default/files/medien/publikation/long/2885.pdf

https://utopia.de/ratgeber/co2-ausstoss-beim-flugzeug-so-viel-emissionen-verursachen-flugreisen/

https://nachhaltig-sein.info/privatpersonen-nachhaltigkeit/der-pro-kopf-wasserverbrauch-in-deutschland-eine-ubersicht

https://www.co2online.de/energie-sparen/heizenergie-sparen/warmwasser/durchschnittlicher-wasserverbrauch/#c155129

https://www.pvplug.de/marktuebersicht/

https://www.pv-magazine.de/marktuebersichten/produktdatenbank-stecker-solar-geraete/

https://www.licht.de/de/grundlagen/beleuchtungsqualitaet/beleuchtungsstaerke

https://www.adac.de/rund-ums-fahrzeug/auto-kaufen-verkaufen/autokosten/guenstigste-elektroautos/

https://www.umweltbundesamt.de/themen/heizen-holz

https://www.isi.fraunhofer.de/content/dam/isi/dokumente/cct/2020/Faktencheck-Batterien-fuer-E-Autos.pdf

https://egg.agw.kit.edu/img/Lithium-Ionen-Batterien%20f%C3%BCr%20die%20Elektrom.pdf

https://www.pv-magazine.de/2022/12/06/eupd-research-erwartet-installation-von-220-000-neuen-photovoltaik-heimspeichern-2022-byd-verdraengt-sonnen-an-der-spitze/

https://www.energie-experten.org/erneuerbare-energien/photovoltaik/planung/ausrichtung

https://wdvs.enbausa.de/fakten/wirtschaftlichkeit/graue-energie-von-daemmstoffen

https://www.wecobis.de/service/sonderthemen-info/baustoffe-klimaschutz-inhalt-einleitung-info/baustoffe-klimaschutz-gesamttext-info.html

https://nachhaltiges-bauen.de/baustoffe/

https://www.umweltbundesamt.de/themen/klima-energie/erneuerbare-energien/erneuerbare-energien-in-zahlen#uberblick

Weitere Bücher im ökobuch Verlag

Anders gärtnern

Permakultur-Elemente im Hausgarten. Ob Kräuterspirale, Krater- bzw. Hochbeet, Kartoffelturm, Wurmfarm oder Erdgewächshaus mit Hühnerstall, bei allem dient die Natur als Vorbild. Mit vielen Anleitungen für einen Hausgarten, in dem die Bereiche harmonisch zusammenwirken und sich gegenseitig fördern. Von Margit Rusch. 96 Seiten, mit vielen farbigen Abbildungen, 16,95 €

Mein kleiner Permakultur-Garten

300 kg Ernte auf 150 m² Fläche mitten in der Stadt. Der Autor Josef Chauffrey beschreibt die Kultivierung eines Reihenhausgartens nach Permakultur-Prinzipien und zeigt, wie sich beachtliche Ernteerfolge an Obst u. Gemüse erzielen lassen. 110 Seiten, mit vielen farbigen Abbildungen, 16,95 €

Das Biogarten-Praxisbuch

Anleitung zum naturgemäßen Gärtnern in Bildern. Hier wird das notwendige Wissen vermittelt, um erfolgreich den Boden zu bestellen und reichhaltig gesundes Obst und Gemüse zu ernten. Susanne Bruns. 224 Seiten, viele Abbildungen, 18,95 €

Permakultur im Hausgarten

Mit diesem Buch gibt der Autor einen Leitfaden an die Hand, wie ein Hausgarten Stück für Stück zum persönlichen und vielseitigen Permakultur-Garten gestaltet oder umgestaltet werden kann. Jonas Gampe. 144 Seiten, mit vielen Abbildungen, 16,95 €

Auf 300 qm Gemüseland

… den Bedarf eines Haushalts ziehen. Wie man auf kleinstem Raum einen Nutzgarten anlegt und erfolgreich bewirtschaftet, können wir von unseren Vorfahren lernen. Mit schnellen, praktischen, alphabetisch geordneten Infos über die wesentlichen Pflanzen, über Anbau- und Arbeitsmethoden. Von Arthur Janson. Neugestalteter Nachdruck der Erstausgabe von 1926. 170 Seiten, 16,95 €

Saatgut aus dem Hausgarten

Nach einer Einführung in die Saatgutgewinnung und in die Praxis der Vermehrung werden die nötigen Hilfsmittel, Ernte, Reinigung und Lagerung der Samen sowie Aussaat und Aufzucht beschrieben. Mit kurzen Pflanzenporträts aller im Hausgarten üblichen Kräuter, Gemüse und Blumen. Von Marlies Ortner. 138 Seiten, mit vielen farbigen Abbildungen, 19,90 €

Trocknen und Dörren mit der Sonne

Bau & Betrieb von Solartrocknern. Ein Buch für alle, die einen funktionstüchtigen Solartrockner kostengünstig selbst bauen möchten, um Obst, Gemüse und Kräuter natürlich und hochwertig haltbar zu machen. Außerdem: Praxis des Trocknens mit vielen Tipps aus langjähriger Erfahrung. Herausgegeben von Claudia Lorenz-Ladener. 96 Seiten, mit vielen farbigen Abbildungen, 16,95 €

Terrassen und Decks aus Holz selbst gebaut

Planungsüberlegungen, sinnvolle Konstruktionen, Materialempfehlungen. Viele Beispiele und Schritt-für-Schritt-Bilder vermitteln das Wissen zum Bau schöner Holzdecks. Von Peter Himmelhuber. 102 Seiten, mit vielen farbigen Abbildungen, 16,95 €

Mein Garten lebt

Vögel, Schmetterlinge, Igel, Wildbienen und andere nützliche Tiere ansiedeln. Mit Bauanleitungen und Gestaltungsideen, um durch Nisthilfen, Schlafquartiere u.ä, Gärten tierfreundlich zu gestalten. Von Peter Himmelhuber. 96 Seiten, mit vielen farbigen Abbildungen, 16,95 €

Natürlich konservieren

Die 250 besten Rezepte, um Gemüse und Obst möglichst naturbelassen haltbar zu machen und ein maximum an Vitaminen, Nährstoffen und Geschmack zu erhalten. Herausgegeben von Terre Vivante. 160 Seiten, mit vielen Abbildungen, 16,95 €

Trockenmauern für den Garten

Bauanleitung & Gestaltungsideen. Ob Sitzplätze oder Hochbeete einzufassen, eine Hangfläche zu terrassieren oder das Grundstück einzugrenzen: Mit einfachen Werkzeugen kann jeder kostengünstig eine schöne und dauerhafte Trockenmauer selbst bauen. Von Jana Spitzer und Reiner Dittrich. 96 Seiten, mit vielen farbigen Abbildungen, 16,95 €

Hütten von Kindern selbst gebaut

Das Buch zeigt schön illustriert, wie Kinder ohne großen Aufwand ihr eigenes kleines Reich erschaffen können, mit Baumaterialien, die fast alle draußen zu finden sind: Spielhäuschen, Kuppelbau, Schlupfwinkel, Beobachtungsversteck. Ab 8 Jahre. Von Louis Espinassous. 58 Seiten, mit vielen Abbildungen, 16,95 €

Kleine Baumhäuser und Hütten

… kinderleicht gebaut. Hier wird gezeigt, wie Baum- und Stelzenhäuser gebaut werden können. Mit Anleitungen für verschiedene Konstruktionen und Bildern von realisierten Beispielen. Von David Stiles. 96 Seiten, mit vielen farbigen Abbildungen, 16,95 €

Holzbacköfen im Garten

Detaillierte Bauanleitungen vom einfachen Lehmofen bis zum gemauerten Brotbackhäuschen. Mit vielen Erfahrungen und Ratschlägen sowie pfiffigen Tipps und Rezepten. Herausgegeben von Claudia Lorenz-Ladener. 138 Seiten, mit vielen Abbildungen, 17,95 €

Gestalten mit Stein im Garten

Pflastern von Wegen, Terrassen und Zufahrten, Anlegen von Treppen und das Errichten von Mauern und Hangbefestigungen, mit Hinweisen zur Materialwahl, zu Aufwand und Kosten, und mit Anregungen für eigenes Schaffen. Von Peter Himmelhuber. 126 Seiten, mit vielen farbigen Abbildungen, 16,95 €

Naturkeller

Grundlagen der Kühllagerung und Anleitungen für Planung und Bau naturgekühlter Lagerräume im Haus und Freiland. Von Claudia Lorenz-Ladener. 140 Seiten, mit vielen Abbildungen, 19,90 €

Gestalten mit Holz im Garten

Bodenbeläge, Holzdecks, Zäune, Rankgerüste, Lauben. Bauanleitungen und Gestaltungsideen für Nützliches und Dekoratives aus Schnittholz und aus grünem Holz. Von Heidi Howcroft. 136 Seiten, mit vielen Abbildungen, 18,95 €

Einfache Lauben und Hütten selbst gebaut

Einfache Paradiese zum Selbstbauen. Bauanleitungen für schnell zu errichtende Behausungen (Tipi, Baumhaus, Kuppelbau, Hogan etc.), sowie für schöne Lauben für den Garten oder die freie Natur. Von Claudia Lorenz-Ladener. 160 Seiten, mit vielen farbigen Abbildungen, 16,95 €

Kleine grüne Archen

Passivsolare Gewächshäuser als Alternative zum transparenten Standard-Gewächshaus. Das Buch zeigt, wie Solargewächshäuser freistehend, angelehnt oder teilweise in der Erde versenkt auch selbst gebaut werden können. Von Claudia Lorenz-Ladener. 128 Seiten, mit vielen farbigen Abbildungen, 22,90 €

Mit Weiden bauen

Anleitungen für Zäune, Laubengänge, Wigwams, Sitzplätze und grüne Kuppeln. Arbeiten mit lebendem Material, aus dem sich viele schöne, nützliche Dinge herstellen lassen.
Von Jon Warnes. 60 Seiten, mit vielen farbigen Abbildungen, 16,95 €

Färben mit Pflanzen

Färbepflanzen - Rezepte - Anwendung. Aufbereitung und Anwendung heimischer Färbepflanzen zum Färben von Wolle und Stoffen werden in zahlreichen Rezepten detailliert beschrieben.
Von Dorit Berger. 96 Seiten, mit vielen farbigen Abbildungen, 16,95 €

Bauen mit Frischholz

Vom Spalier bis zur Laube – frisches grünes Holz ist ein ausgezeichnetes Material, um daraus nützliche Gartenobjekte herzustellen. Mit Schritt-für-Schritt-Anleitungen für Pflanzbehälter, Spaliere, Bänke, Lauben usw. Von Alan und Gill Bridgewater. 80 Seiten, mit vielen Abbildungen, 16,95 €

Essbare Wildpflanzen aus dem Hausgarten

150 Arten: Obst, Kräuter, Gemüse. Wie eine dauerhafte Pflanzenlandschaft aus fruchttragenden Bäumen und Sträuchern, wilden Stauden sowie Kräutern und essbaren Bodendeckern geschaffen werden kann. Mit mehr als 70 Pflanzenporträts essbarer Wildfrüchte, Wildkräuter und Wildgemüse und Tipps zu deren Verwertung. Von Marlies Ortner. 126 Seiten, mit vielen Abbildungen, 16,95 €